집합 형태의 갈래
the Fork of Collective Forms

집합 형태의 갈래

the Fork of Collective Forms

초판 1쇄 펴낸날 2024년 5월 25일
지은이 김영준
펴낸이 이건복
펴낸곳 도서출판 동녘

편집 이정신 이지원 김혜윤 홍주은
디자인 김태호
마케팅 임세현
관리 서숙희 이주원

등록 제311-1980-01호 1980년 3월 25일
주소 (10881) 경기도 파주시 회동길 77-26
전화 영업 031-955-3000 편집 031-955-3005 전송 031-955-3009
블로그 www.dongnyok.com 전자우편 editor@dongnyok.com

ISBN 978-89-7297-131-3 03540

- 잘못 만들어진 책은 바꿔 드립니다.
- 책값은 뒤표지에 쓰여 있습니다.

만든 사람들

편집 이상희
디자인 로컬앤드

건축가의 생각

김영준
지음

집합 형태의 갈래

the Fork of Collective Forms

동녘

차례

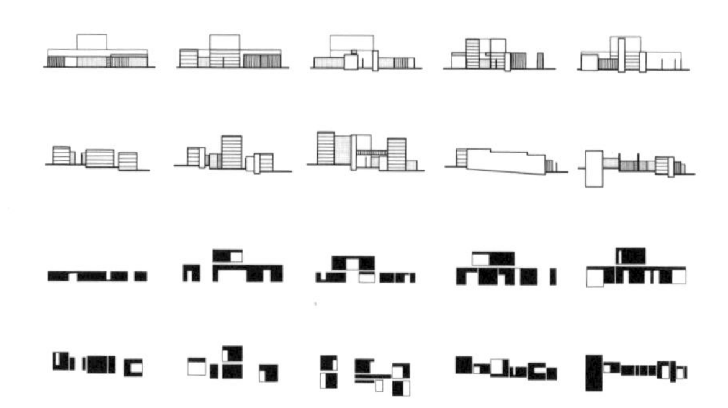

책을 내면서

지난 세기말, 건축가와 출판인이 모여 파주출판도시의 과제를 나누었다. 우리의 도시나 건축이 그다지 정비되지 않은 시기였다. 새로운 미래를 개척하자고 의기를 투합했고, 황량했던 파주출판도시의 빈 땅에서 무던히도 많은 새벽 모임과 행사를 치렀다.

여행도 많이 다녔다. 여행은 바쁜 구성원들에게 어쩔 수 없이 함께 지내야 하는 시간을 강제로 허락해주었다. 선교장에서, 독일과 영국의 신도시에서, 미스와 르코르뷔지에와 알바르 알토의 작품 앞에서 파주출판도시를 매개로 많은 대화를 나누었다. 이후 여러 출판사에서 도시와 건축 관련 도서가 출간되기 시작했다.

얼마 전 동녘 이건복 대표님을 만났다. 오랜 기간 파주출판도시의 주춧돌을 놓으신 분이다. 한참을 대표님과 파주출판도시의 여정을 같이 했다. 최근 병마를 이기고 난 후 오랜만의 점심 자리에서, 내 작품집을 동녘에서 내겠다는 기억과 약속을 환기시켜 주었다.

2017년, 개인 작업을 시작한 지 거의 20여 년이 될 즈음 그간의 작업을 묶어서 작품집을 출간했다. 이탈리아에서 몇몇 건축가와 전시하던 중 건축 전문지 《라르카(l'ARCA)》의 피에르(Pier Alessio Rizzardi)를 만났는데, 그의 편집으로 그간의 작업과 글을 선별해 《도시건축(Urbanism for Architecture)》이란 제목으로 묶은 책이다. 20개의 작업을 4가지 주제(5 Houses, Composite Masses, Urbanism for Architecture,

Collective Forms)로 분류해 담았다. 같은 해 국내 건축 전문지 《와이드》에서 이중용 편집장(오래전 사무실에서 함께 일했다)의 작업으로 작품집의 보완판도 출간했다.

두 권의 책으로 규모와 기능과 장소가 다른 지난 20여 년의 작업을 정리했다. 무수히 많은 건축의 세계에 내가 작업하고 있는 곳, 위치와 좌표를 찍고 싶다는 목표를 조금은 다듬은 셈이라 생각했다. 어느새 다시 세월이 지났다. 이번에는 다른 종류의 책으로 그간의 작업을 분류해보겠노라 생각했다.

건축가로서 세상을 맞닥뜨리면서 때로는 갈피를 잡지 못해 좌절하고 가끔은 그런 속에서 희열을 느끼면서 살아온 나날들이지만, 돌이켜보면 잊지 못할 순간들이 있다. 그런 순간들을 거치면서 내 건축에서 필요한 의문과 대답을 정비하였다. 이런 줄기들이 두 권의 책을 엮으면서 미루어진 부분이었고, 언젠가는 꺼내려 했던 묵은 숙제였다.

30대 중반, 우여곡절을 거쳐 건축가 렘(Rem Koolhaas)과 세 번의 인터뷰 끝에 로테르담의 사무실에 다니게 되었다. 막상 출근하고 보니 자리도 없었고 나와 같이 일할 팀도 없었다. 렘의 조그만 방이 비어 있어 그가 오기 전까지 거기서 며칠을 지내게 되었다. 문짝을 활용한 빈 책상과 자잘한 필기도구, 몇 권의 책이 꽂혀 있는 소박한 방이었다. 내가 제출했던 포트폴리오도 거기서 발견했다.

렘의 책장에서 그 책을 발견했다. 마키(Maki Fumihiko)의 《집합 형태의 탐구(Investigations in Collective Form)》(1964)라는, AA(Architectural Association)학교 도서관의 마크가 선명히 찍혀 있는 책, 1970 몇 년쯤 도서관에서 빌려서 돌려주지 않은 책이었다.

그 책에서 도시와 메가스트럭처와 지중해 마을·팀텐·다이어그램을 발견했다. 공간 설계사무소 작업의 몇몇 원전들도 보았다. 그때는 미처 몰랐지만 이후 관심을 가지게 된 많은 줄거리를 발견한 순간이었다. '집합 형태'라는 주제는 그때부터 시작되었다. 한참 후 일본의 원로건축가가 된 마키 선생님을 만난 자리에서 그 얘기를 하고 뒤늦은 감사를 드렸다.

이 책은 '집합 형태'라는 화두를 매개로 그간의 작업을 글로 엮은 작품집이다. 집합 형태의 주제를 작업에 도입하고 분화시킨 과정, 그럴 때 단초를 얻었던 여러 가지 뿌리와 줄기를 정리하였다. 그런 책, 글로 보여주는 작품집을 만들자고 편집자 이상희 씨와 공감했다. 그간의 작업 30개를 추려 10가지 개념으로 집합 형태의 서로 다른 갈래를 설명했다. 아이디어를 얻은 순간, 그리고 그것을 작업 과정과 결과에 적용했던 경험을 나름 객관적으로 설명하고 싶었다.

작업 목록을 개념에 맞추어 3개씩 예시해 설명했지만, 이들 분류된 개념만으로 처음부터 끝까지 작업을 끌고 간 것은 당연히 아니고 사실 그럴 수도 없다. 10가지 개념이 서로 겹치고 물려서 작업으로 완성되었을지언정 시작점은 이러한 개념이었다고 얘기할 수 있다. 그런 정도의 10가지 분류로 봐주면 좋겠다.

《와이드》 편집부의 책 작업에서 내가 자주 언급하는 530여 개의 용어를 나열했다. '그리 많았을까, 두서가 없었구나' 되돌아 보았다. 그것을 압축해서 실제 작업의 수단으로서 대표적인 개념의 단어로 치환한 분류가 이번 책의 핵심이다. 집합 형태라는 과제에 접근하면서 나름 다양한 입구와 출구를 모색해온 지난 작업을 10개의 개념으로 정리하였다. 덕분에 개별 작업의 초기 지향점을 다시 한번 돌아보는 좋은 시간을 보냈다. 이건복 대표님께, 그리고 함께 작업했던 동료들, 작업 기회를 만들어준 건축주분들에게도 감사드린다. 글을 쓰다가 정확한 사실이 모호할 때 여러 차례 승효상 선생님에게 물었다. 되돌아보니 공간 시절부터 거의 40여 년 수많은 건축적 에피소드를 함께 하였다. 깊이 감사드린다.

집합 형태를 염두에 두고 다양한 변주를 모색하는 작업에는 당연히 '도시건축'이라는 더 큰 전제가 들어있다. 내가 자라고 배우고 삶을 영위하는 공간, 대도시 서울이라는 여건에 가장 어울리는 작업의 지향점으로서 집합 형태라는 주제를 품었다. 우리가 지금 살아가는 터전을 적절한 건축적 자세로 채워나가는 건축가의 소명에 집합 형태가 하나의 대답이 될 수 있다고 판단했기 때문이다.

누구를 대상으로 출판하는 것인지 딱히 떠오르지는 않는다. 건축 작업을 하는 과정에서 정말로 중요하게 생각하였던 개념을 풀어, 나 자신 지난날을 돌아보고 앞으로 작업의 전환점으로 삼아야겠다는 의욕이 앞섰다. 회고의 느낌이 아니라 아직도 현실에서 적용하는 주제에서 벗어나지 않으려 노력했다. 이제 막 건축을 시작하고 성장하는 건축가들에게 타산지석이라도 될 수 있다면, 그나마 책에 들인 시간이 아깝지 않겠다고 기대했다.

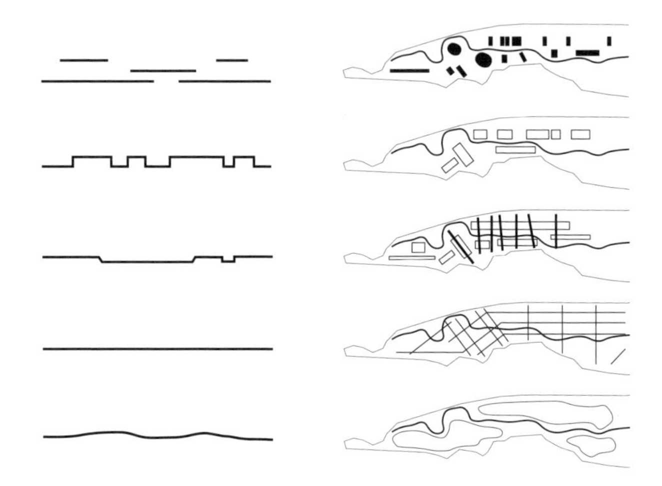

건축 유형
Building Types

건축과에 진학했던 사실도 까마득한 기억이 되었다. 1980년대 초, 그 시절 대부분 비슷하겠지만 막상 학교 건축과에서 배운 지식은 별로 없었다. 시위에, 휴교에, 몰아치는 격변의 사회에서 건축 공부에 몰두할 상황이 아니었고 또 제대로 이끌어 줄 교수님도 많지 않았다. 그저 막연히 이곳저곳 학과의 커뮤니티에서 설익은 지식을 쌓았을 뿐, 거기서부터 건축가라는 직업까지 이어지는 미래 삶의 고리에 확신을 갖지 못했다. 부단히 주변을 기웃거렸다.

학창 시절 가장 기억에 남는 사건은 서울대학교 출신 기성 건축가의 모임인 목구회와 김원 선생님이 만들어주었다. 3학년 여름방학, 목구회에서는 서울대 건축과 학생을 대상으로 거제도의 주택(김원 선생님의 실제 프로젝트였다) 현상설계를 주최했다. 어수선한 사회에서 잠시나마 벗어나보겠다는 생각에 거제도의 현장으로 여행을 떠났다. 수업 시간에 주어지는 추상적 주제를 넘어 실제 지어질 수 있는 현실의 작업에 몰두할 수 있었다.

바닷가의 경사진 땅이었다. 홀로 떠난 거제도 답사는 친구들과 함께했던 여행과는 사뭇 달랐다. 내가 설계한 집에서 살아가는 일상을 예상하면서, 그런 주택의 공간과 형태는 어떤 자세를 품어야 하는지 구체적인 상상에 다가서는 여행이었다. 어떻게 그곳에 갔는지, 얼마나 머물렀는지, 어디를 거쳐 돌아왔는지, 세세한 기억은 전혀 없다. 주택을 둘러싼 현실적인 숙제 안에서 답사했고, 돌아와서 그런 경험이 반영된 설익은 제안을 제출했다. 김원 선생님이 초대했던 안국동 요릿집 식사 자리 기억도 또렷하다.

목구회 현상설계의 경험은 건축과 대학원에 진학하는 결정적인 계기가 되었다. 건축이라는 분야가 학교에서 배운 것처럼 피상적이기만 한 학문이 아니라 개인의 선택에 따라 얼마든지 달라질 수 있다는 가능성을 보았기 때문이었다. 건축가가 되고 싶었다.

그러나 대학원이라고 학부와 크게 다르지 않았다. 공공연히 수업 시간을 빼먹고 설계 사무실에 다닐 수 있었다. 되려 수업 중에 만났던 훌륭한 선후배들의 열정적인 모습에서 건축의 미래를 가늠할 수 있었다. 지금도 교류하는 인간적인 교수님과 많은 선후배 동료를 만난 것, 대학원이 내게 남긴 의미였다.

월간지 《공간》의 편집 업무를 대학원 과정과 병행하였다. 당시 《공간》은 거의 미술 기사로 채워지고 있었고, 다시 건축 분야를 중요하게 다루기로 결정한 시기였다. 막 일본에서 귀국한 김광현 교수님을 편집자로 지정하였고, 그를 보조할 건축 분야의 기자 자리를 얻었다. 학교는 수업만 받고 거의 대부분의 시간을 공간 커피숍과 편집부 구석자리에서 지냈다. 틈틈이 공간 설계사무소의 작업도 눈여겨보았다.

건축의 실제적인 수업은 거기서 다시 시작되었다. 과거의 《공간》을 통독하면서 1960년대 이후 한국 건축의 이행을 들여다볼 수 있었다. 그리고 또 다른 선배와 선생님을 만났다. 조성룡·민현식·장세양·온영태·승효상·이종호 등으로부터 직간접으로 많은 배움을 받았다. 공간 설계사무소의 작업을 가까이서 혹은 조금 떨어져서 바라보는 경험도 얻었다. 무엇보다 나 자신 개인이 아닌 공공의 관점에서 건축을 바

김수근,
공간사옥, 1972~77

라보는 시각이 생겼다.

당시는 세계적으로 포스트모더니즘의 시기였다. 김수근 선생님을 비롯해 모두 이런 추세를 어떻게 받아들여야 하는지 고심했다. 공간 설계사무소에서도 어떤 방향을 추구해야 하는지 갈등했다. 건축을 처음 시작하는 내게는 기성 건축가들의 대응을 생생하게 관전할 수 있는 기회였다.

지나고 보니 김수근 선생님이 1970년대 공간사옥과 같은 자그마한 집에서 자신의 정체성을 찾는 회귀적인 변화는(그전에는 대규모 건축에 관여했다), 이종호의 표현을 빌리자면 "규방으로 들어선 태도"는, 1960년대 모더니즘의 광적인 확장의 끝자락에서 과거의 향수로 돌아서는 세계적인 흐름에 따르는 결정이었다. 외국의 선진적인 추세가 그랬다.

하지만 당시 우리의 상황은 이제 막 시작된 경제성장에 맞추어 대형건축의 폭발적인 수요에 놓여 있었다. '김수근이 그리고 공간 설계사무소가 원래대로 도시적인 대형 프로젝트의 영역에서 계속 작업했으면 어땠을까.' 시간이 꽤 지난 후에 돌아본 생각이다. 세계적인 조류와 달리 우리의 상황은 그때 김수근 같은 건축가에게 규방말고 다른 목적지를 요구했을 것이다. 그랬다면 우리 도시의 모습이 조금은 달라졌을까. 의문을 붙여 교훈으로 접어두었다.

다행히 《공간》에서 일하던 시기, 잡지에서는 모더니즘을 우리의 입장에서 다시 들여다보자는 캠페인을 시작했다. 중요 원전을 소개하면서 학교에서 배우지 못한 건축 지식을 메우는 현장에서 함께했다. 역사적인 관점으로 오늘의 건축을 판단해야 한다는 사실, 개인의 창의성으로만 건축을 바라보지 않아야 한다는 사실, 어찌보면 당연한 배움을 얻었다.

대학원 수업에서 생생히 기억나는 장면이 하나 있다. 어느 봄날 오후, 박사과정의 김경수 선배는 김중업 선생님을 모셔와 김종성 교수님(그 분이 진행하던 수업이었다)과 대담하는 자리로 자신의 발표 시간을 대체했다. 미스 반데어로에(Mies van der Rohe)의 제자 김종성과 르코르뷔지에의 제자 김중업이 두 거장을 회상하는 자리였다. 보기 드문 수업이 석양이 질 때까지 계속되었다.

미스와 르코르뷔지에는 단순히 축약하면 모더니즘의 양 갈래를 만든 거장이다. 이후 건축가들이 '미시안'과 '코르뷔지안'으로 나뉘었고, 나 역시 두 방향의 길에서 고심하던 때였다. 르코르뷔지에는 김광현 교수님과 거슬러 올라가면 김수근 선생님을 통해, 미스는 김종성 교수님을 통해 접했다. 거기에 더해진 김중업 선생님의 개인적인 경험이 새로웠다. 김경수 선배의 질문에 두 분이 답하는 형식으로 진행된 수업에서 건축의 본질에 대해 두 가지 서로 다른 시각을 느낄 수 있었다.

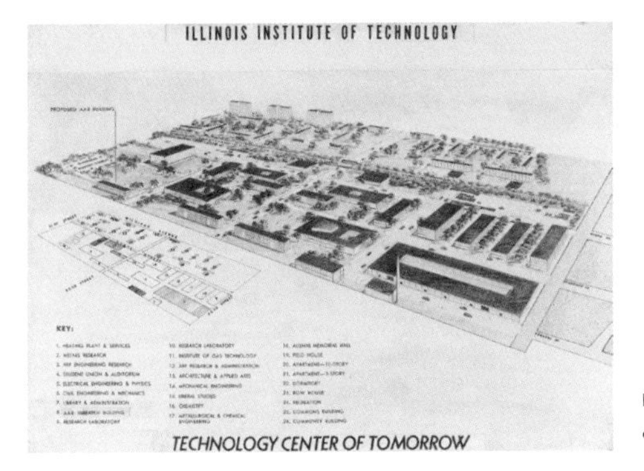

미스 반데어로에,
일리노이 공과대학 마스터플랜, 1941

세계적인 건축가의 작업을 서울의 길거리에서 어렵지 않게 마주치는 지금과 달리, 그 시절 우리는 세계 건축의 주류에서 한참이나 변방에 있었다. 몇 단계 거쳐온 지식에도 목말라했다. 조악한 번역과 불법 복제된 원서로 세계적인 건축 사조와 간격을 메꾸어야 했다. 그것도 대부분 일본이라는 스크린을 거쳐서 간접으로 전달된 것이었다. 그런 시절 그나마 김종성과 김중업 두 분의 직접적인 경험을 들을 수 있는 소중한 자리였다.

김종성 교수님은 일리노이 공과대학에서 귀국해서 서울건축을 운영하면서 서울대 석박사 과정 한두 과목의 수업을 진행하고 있었다. 미스와 가까이서 활동한 경력도 그랬지만 일리노이 공과대학의 학장이라는 이력도 화려했다. 건축과에 다니면서 처음으로 건축 수업다운 현장으로 우리를 이끌었다. '건축 공간론'이라는 이름으로 서양 건축 전반의 역사를 꿰뚫는 몇몇 작품을 풀어주었다. 건축사적 맥락뿐 아니라 건축의 재료나 치수까지 방대한 지식이 녹아 있었다. 건축 본질에 대한 특별한 강의였으며, 건축가로서 품어야 할 지식의 가이드라

인을 예시했다. 완벽한 모더니스트로서 건축 역사 전반을 드나들었다. 거의 모든 학생의 이름을 오랫동안 기억하는 인품까지, 건축가와 교육자의 모범으로서 오랫동안 사표였다.

'건축 공간론' 수업에서 미스 반데어로에의 건축을 공간으로 바라보아야 하는 사실, 역사를 매개로 돌아보아야 한다는 사실을 배웠다. 그의 주택 작업부터 일리노이 공과대학 캠퍼스의 사례 등 기능보다 우선하는 공간적 변주와 형태적 일관성을 나름대로 이해하였다. 무엇보다 미스의 건축 이론과 실무적인 경험을 미스의 수제자에게 생생하게 전수받는 소중한 시간이었다. 다수의 대학원 동기가 서울건축으로 갔고 미스의 길을 따랐다.

김종성 교수님은 교조적인 미시안 작업에서 차츰 시대적인 변화를 모색하는 자신의 고민도 자주 덧붙였다. 과거의 동료들이 자신의 현재 작업을 보면 놀랄 거라는 고백도 기억에 남는다. 하지만 두고두고 마음에 품은 강의는 "모더니즘 건축은 스타일이 아니다"라는 강력한 메시지였다. 확신 가득한 발언이었다. 당연히 미스가 그랬을 것이고 김종성 교수님의 태도도 그랬다.

모더니즘은 르네상스나 고딕처럼 한 시대를 가로지르는 인터내셔널 스타일이 아니고 건축의 역사를 뒤집는 새로운 시도의 모든 것, 이런 의미로 다가왔다. 모더니즘 건축은 형태의 변수가 아니기에 유행이나 복고처럼 뒤돌아갈 수 없고, 본질이나 시대의 해석만이 진화의 변수라는 사실을 강조한 듯하다. 모더니즘은 눈에 보이는 형태 이전에 그것을 만들어내는 방법론의 집대성 어디쯤이었을까, 스타일이 아니면 무엇일까, 이런 질문을 오랫동안 되새겼다.

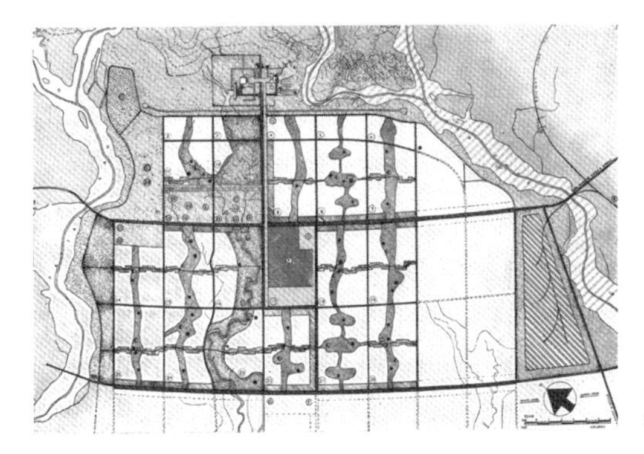

르코르뷔지에,
찬디가르 마스터플랜, 1951

하지만 내가 선택한 길은 르코르뷔지에였다. 미스의 차가운 이성보다는 르코르뷔지에의 정열적인 이상에 더욱 호의를 느꼈다. 막 개발이 시작된 우리의 상황에서 산업화를 전제로 하는 미스보다는 르코르뷔지에의 작업 방식이 현실적이라는 인식이 있었다. 그의 도시 프로젝트나 남미 프로젝트 등에 더 많은 관심을 두었다. 르코르뷔지에의 유산으로 둘러싸인 주변의 인적 환경도 영향을 미쳤다. 졸업논문 주제로 르코르뷔지에를 선택했다.

르코르뷔지에의 전반기 작업과 후반기 작업이 전혀 다른 이유를 연구하는 논문을 생각했다. 철저한 시대 인식으로 건축가의 책임을 강조하던 이성적인 작업에서, 조형의 의지가 넘쳐나는 후기의 작업으로 이행되는 사이 어떤 변수가 있는지 찾고 싶었다. 하루아침에 전혀 다른 건축가로 다시 태어나지는 않았을 거라 믿었기에, 어떠한 과정을 거쳐서 롱샹 같은 후기 작업으로 건너갔는지 알고 싶었다.

당연히 그의 삶에서 유럽의 전쟁 기간 약 10년 이상의 시간이 크게 영향을 미쳤을 것이다. 사회적으로 아무런 건축적 투자가 벌어지

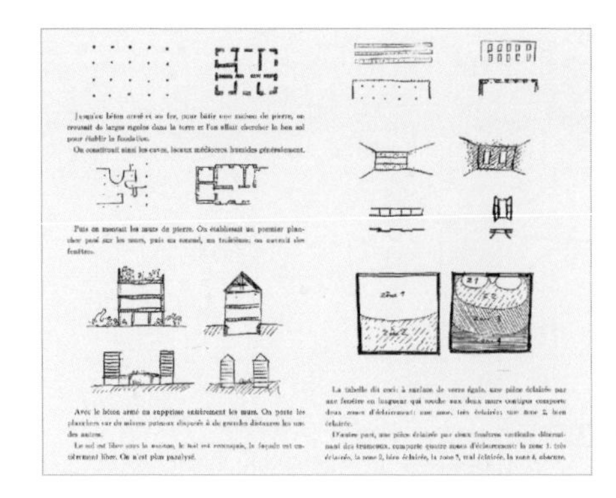

르코르뷔지에,
근대건축의 5가지 원칙, 1926

지 않는 인생 한창 시기의 기나긴 시간을 그는 어떻게 보냈을까. 다행히 오래 살아남아 후기에도 작업을 연장해서 우리에게도 행운이었다. 전쟁 이후 새로운 작업으로 다시 이어질 때, 초기 작업과 연관성을 완전히 벗어나지는 않았을 거라 판단했다. 그의 생애 전후기의 변수를 추적했다.

초기에 주창하였던 건축의 5가지 원칙에서 실마리를 잡았다. 사용자 중심의 설계, 기능성, 현대적인 재료와 기술, 지역의 문화와 환경을 전제로 새로운 건축이 지니는 5가지 특징을 필로티, 옥상정원, 수평창, 자유평면, 자유입면으로 서술한 정의였다. 이미 찰스 젱스(Charles Jencks), 제프리 베이커(Geoffrey H. Baker) 등 5가지 원칙의 분석에서 시작하여 르코르뷔지에의 작업 전반을 아우르려는 접근이 있었다. 원칙이 변형되어 가는 흐름으로 르코르뷔지에 작업을 바라보는 해석이었다.

스타니슬라우스 폰모스(Stanislaus von Moos)의 《르코르뷔지에: 요소의 통합(Le Corbusier: Elements of a Synthesis)》(1979)이 눈길을 끌었

다. 그는 르코르뷔지에의 작업은 5가지 원칙이 세월에 따라 추가되면서 변화되었다고 보고, 대략 16개의 공통적인 요소를 도출했다. 그리고 르코르뷔지에의 작업은 학교나 교회 등 동일한 프로그램임에도 프로젝트별로 전혀 다른 형태를 보여주는데, 그것은 르코르뷔지에가 이전에 설계했던 다른 프로그램의 프로젝트와 형태적으로 유사하다고 분석했다. 따라서 르코르뷔지에의 작업에서 건물의 기능보다는 시대별로 이어지는 요소의 차용과 발전이 더욱 중요한 해석의 변수임을 강조했다.

르코르뷔지에의 건축적 요소를 나의 시각에서 다시 정리해보고 싶은 의지로, 그의 작업들을 자세히 들여다보면서 분석을 다시 시작했다. 5가지 원칙 등 건축 언어의 요소는 대부분 초기에 의미를 가지고 출발해 프로젝트 발전 과정에서 새로운 역할이 부여되고 다시 조합되면서 분화되는 흐름이었다. 베이스, 지붕, 파티션, 프레임, 루트(Route), 파사드 등 건축을 구성하는 6가지 새로운 분류에 따라 르코르뷔지에 건축 요소의 변화를 추적했다. 기본의 요소가 새로운 상황을 맞이하면서 변용되고 기능의 분류를 넘나들면서 새로운 요소로 파생되는 사례를 다듬었다.

그러면서 결국 이들 요소의 조합을 통해 르코르뷔지에 전반의 작업을 정리하는 '유형'별 구분도 가능할 거라는 시각도 얻었다. 논문은 거기까지 진전하지는 못하였다. 다만 그때 르코르뷔지에의 작업을 분석했던 프레임은 나중에 내가 개별 작업을 진행하면서 프로젝트별 연결성에 집착하는 중요한 시각과 자세를 남겼다.

'유형'은 이렇게 출발한 나의 건축적 이상이었다. 요소의 조합, 유형의

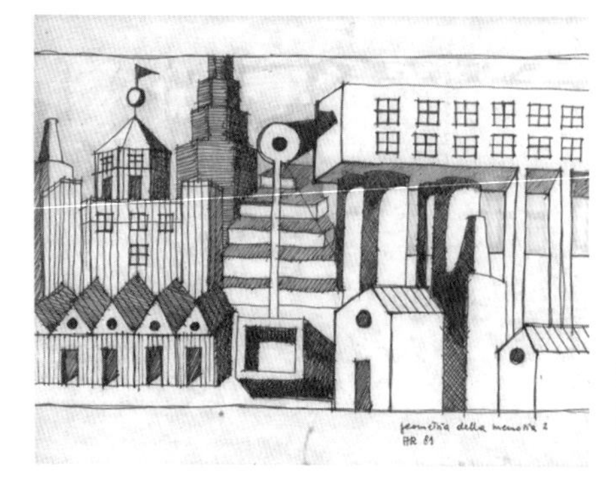

알도 로시,
도시 유형(The Analogous City) 콜라주,
1976

분류, 나아가 집합 형태 순서로 연결되었다. 어쩌면 유형은 집합 형태와 종속의 관계는 아니고 더 큰 개념일 수도 있다. 그러나 나에게 집합 형태라는 줄기는 유형에서 출발하였기에, 책을 구성하는 첫 번째 개념의 자리에 위치시켰다. 나머지 개념 역시 집합 형태의 서로 다른 유형이라 애기해도 무리는 없다. 유형이 집합 형태 이전에 건축을 바라보는 지점이었고, 유형에서 출발해 집합 형태라는 주제로 작업을 이행했으니, 《집합 형태의 갈래》는 유형에서부터 시작하는 전개도 크게 틀리지 않겠다고 판단하였다.

유형의 사고는 알도 로시(Aldo Rossi)나 라파엘 모네오(Rafael Moneo)로부터 영향을 받았다. 그들의 논지에서 유형은 도시를 바탕으로 건축가의 창의적 형태를 넘어서는 건축의 형식적 정체성을 이르는 말로 이해했다. 그러나 실지 작업에서 유형이 이론과 정의를 넘어 어떤 실체로 귀결해야 하는건지 현실의 수단으로 정착시키기는 쉽지 않았다.

그러면서 세월이 지났다. 외국 생활을 경험하고 귀국해 개인 사무실을 차리고, 파주출판도시 1단계 작업에 참여하는 시기였다. 파주출판도시는 출판인들이 모여 출판산업의 미래를 대비하는 문화산업단지로서 집단적인 도약을 꿈꾸는 프로젝트였다. 부지를 확정하기까지 오랜 방황을 끝내고, 도시적인 제안(흔히 진행하던 단지계획)을 마련하고, 건축 설계를 막 시작하려던 단계의 시기, 1999년이었다.

도시적인 구상부터 다시 시작하자고 건축가들이 중지를 모았다. 도시와 건축의 위상이 보완된 획기적인 작업을 원했지만, 이미 많이 진전된 절차상의 진도를 되돌리기 어려웠다. 그간 진행된 모든 과정을 처음부터 다시 시작해야 하는 시간이 의지를 가로막았다.

적절한 선에서 타협되어 건축지침이라는 작업을 덧붙여 새로운 도시와 건축의 기본구상을 마련했다. 도로체계와 같은 인프라스트럭처의 골격은 그대로 두고 건축적 구상만으로 도시적 이상을 모색하여 기존 도시구상의 한계를 보완하는 작업이었다. 흔히 진행되는 단계별 계획이 뒤집힌 프로세스였다. 한계는 명확하겠지만 건축을 수단으로(건축지침) 도시의 이상을 실현한다는 전례가 없는 시도였다.

민현식·승효상·김종규와 공동으로 작업했다. 기본구상 아이디어의 뼈대는 마침 런던에 초빙교수로 가 있던 승효상과 플로리안(Florian Beigel)이 제시했다. 건축 유형을 매개로 도시의 변화까지 모색하는 구상이었다. 파주출판도시의 장소적 특성을 고려해 6~7개의 건축 유형이 도시의 구상까지 이끌어가는 건축지침으로 구체화되었다. 도시와 건축이 접목되는 실체적인 유형의 역할을 깨닫는 시간이었다.

파주출판도시 1단계 건축 유형은 고속도로 그림자, 서가, 로프트, 척추, 스톤, 도시섬, (그리고 언덕) 등 시적인 단어로 건축의 형태적 특성을 구조적으로 분류하는 수단이었다. 개별 건물이 놓이는 도시적

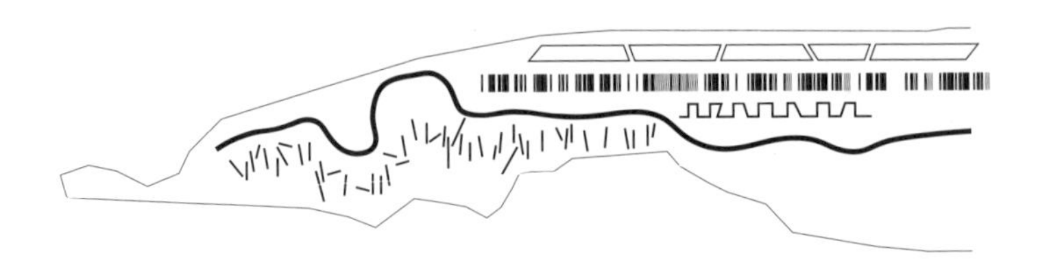

파주출판도시 1단계 건축지침 유형 스터디, 1999

위치적 해석을 건축적 자세로 묘사했다. 유형을 개별 건축가의 창의성으로 발전시키면 유형 안에서 다양성도 담보된다는 가정이 실렸다. 건축 설계 앞 단계의 해석을 유형의 지침으로 공유해 공통적인 도시적 풍경을 이루려는 전략이었다.

지침 이후 여러 단계의 프로세스가 진행되어 현재의 파주출판도시 1단계 모습이 만들어졌다. 당연히 여러 건축가의 노력과 그에 합당한 건축주의 이해가 어우러져 이뤄낸 결과였다. 그저 건물을 줄맞추거나 일부 형태나 재료를 제한하는, 그간의 도시와 건축의 위계나 전략과는 전혀 다른 새로운 방법론이었다.

출판도시 1단계 작업에 참여한 덕분에 건축 유형의 역할을 실천적으로 체험하였다. 해석에 멈칫하던 유형의 의미를 실제 프로젝트에서 구현하는 지점을 확인하는 순간이었다. 장소를 해석하고 건물의 볼륨을 지정하고 변주하기를 반복하면서 유형이 어떻게 현실에 개입하는지 가늠할 수 있었다.

유형과 도시의 관계에서 형태나 볼륨뿐 아니라 건축 내부의 구조나 형식 혹은 건물끼리 집합하는 방식을 유형으로 들여다볼 여지도 발견했다. 파주출판도시 1단계의 6개 유형 가운데 '도시섬'의 유형은 나머지 형태적 유형과 근원이 달랐다. 이후 2단계 지침에서 '도시섬' 유형은 개별 건축 유형보다는 집합 형태의 유형으로 이행하는 연결고리가 되었다.

유형은 당연히 오브제 성격의 개별 건축을 탈피하자는 전제에서 출발한다. 역사적으로 축적된 다양한 건축적 선례를 단순히 반복하는 일이 아니라 그 범주를 이어 새로운 창의성을 발휘하자는 규범이다. 유형은 일반적인 형태와 기능의 상관성을 넘어, 도시나 장소의 변수에서 새로운 시도를 모색하는 건축적 자세로 이어지는 열린 규범이다. 결국 나에게 유형의 의미는, 때로는 새롭지 않고 유행을 타지 않되 예기치 못한 낯선 자세가 있고 그것이 요소의 조합으로 이루어질 거라는, 건축 작업을 이해하는 중요한 지표로 각인되었다. 몇 가지 프로젝트를 그런 개념의 실체에서 출발하였다.

허유재 병원, 일산, 2001

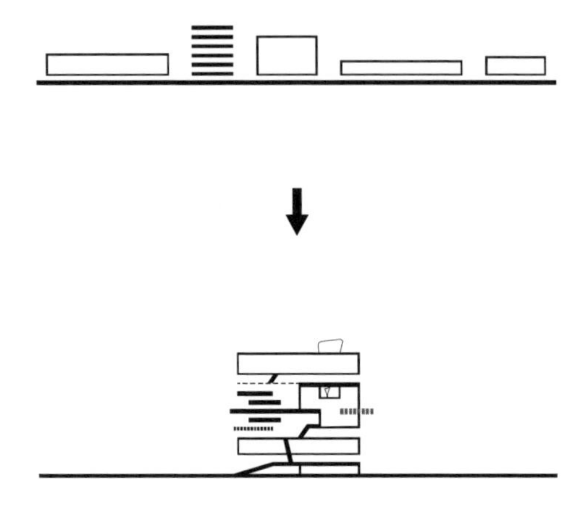

몇 건의 병원건축을 경험하면서 병원은 서로 다른 기능이 혼재하는 복합 건물로 이해했다. 병실·진찰실·수술실·검사실에 더해서 지하 주차장까지, 병원의 세부 기능은 기본적으로 각자 사용되고 연결되는 방식이 다르고 요구하는 모듈도 다르다. 당연히 외부로 표출되는 각각의 이미지도 다르다. 이것이 병원건축의 본질이라 생각했다. 더군다나 중소 병원 프로젝트의 위치는 대개 번화가, 사방이 건물로 둘러싸인 곳이었다.

기능적 분류만으로 판단하면 병원은 몇 개의 건물로 나누는 편이 올바른 해법이다. 예전 병원건축의 자세가 그렇듯, 대지에 흩어져 있는 건물군이 기본의 유형이다. 그러나 대학병원 급 대형 병원이 아닌 이상 대부분의 병원건축은 좁은 땅 안에서 서로 다른 기능의 요구조건을 절충하고 통합해 하나의 건물로 압축해야 한다. 이러한 전제에서 병원건축의 새로운 유형을 번안하는 작업으로서 허유재 병원 설계의 목표를 상정했다.

적정 규모의 서로 다른 기능군을 조합하면서 그것이 연결되는 방식에 주목했다. 사이사이 외부공간의 역할이 특히 중요했다. 고층부의 독립(대개는 병실), 중정을 매개로 여러 기능을 절충, 그리고 도시와 연결하는 몇 가지 대응, 이들이 서로 조직되는 방식에서 병원건축의 유형을 찾았다. 기능을 연결하는 분산된 동선, 조율되는 외부공간, 복잡하게 표출되는 입면의 창, 이들이 조정되고 압축되는 구성을 도시 내 병원건축의 유형으로 제안하였다.

나누어진 매스를 외부로 솔직하게 표현하는 안과 그들을 내부의 구획으로 놓고 외곽을 둘러싸는 단순한 볼륨의 안, 두 가지 안 사이에서 유형적으로 고심했다. 도시와 관계에서 보면, 오브제로서 복합 매스를 집적하는 자세보다는 단순한 박스의 볼륨으로 집합 형태를 제어하는 자세가 더 낫겠다고 판단했다. 표출되는 외부공간의 요소, 복잡하게 조정된 입면의 오프닝들로 도시 건축적 유형의 이미지를 완성하였다.

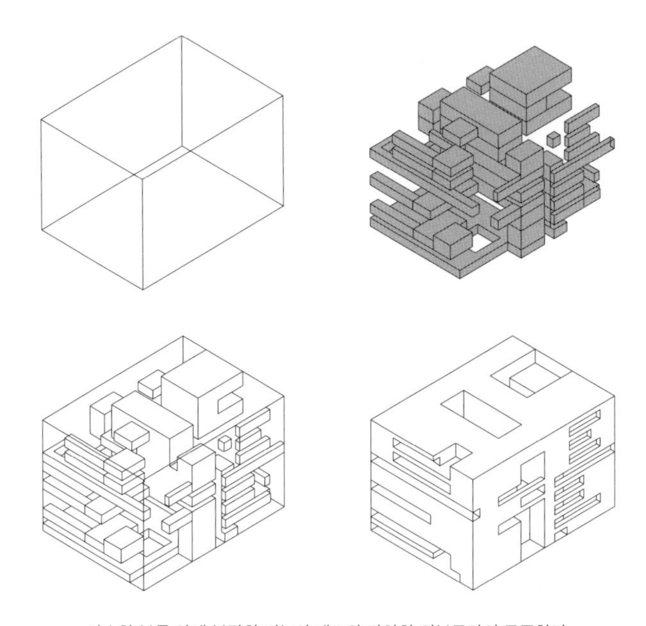

단순한 볼륨 안에 복잡한 기능의 매스와 다양한 외부공간이 공존한다.

외부공간은 병원의 다양한 기능을 구분하는 전이공간이다.

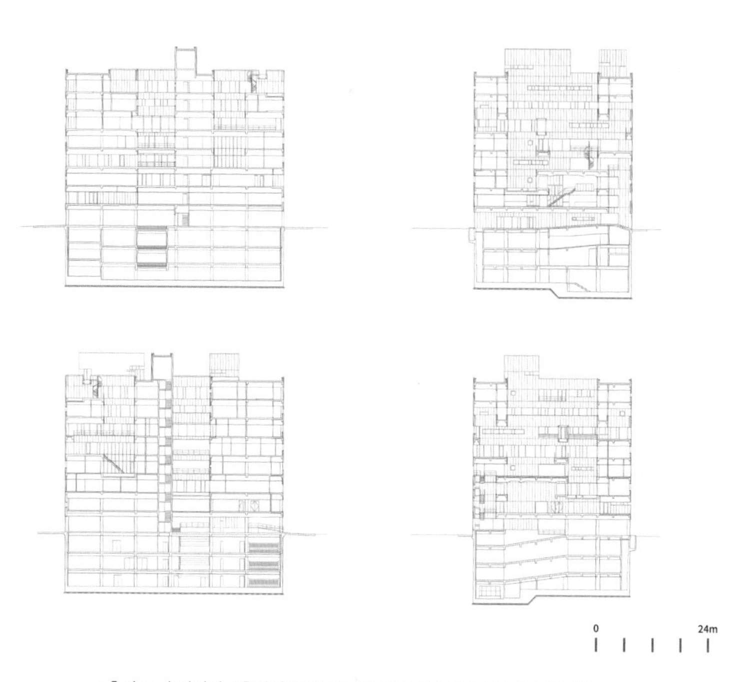

1층의 도시 지면이 4층까지 연장되어 다양한 내부 도시 풍경을 구성한다.

내부 기능이 요구하는 복잡한 오프닝을 입면의 패턴으로 정형화했다.

동일 테라스, 서울, 2002

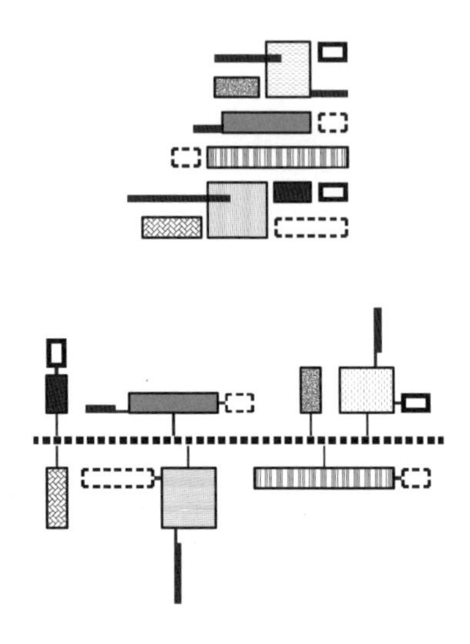

근린생활시설은 주거가 아닌 작은 건물 대부분을 일컫는다. 도시의 기본 생활을 책임지는 다양한 기능을 수용하면서 동시에 도시의 기본 풍경을 만드는 핵심 시설이다. 때마침 사무실을 이전해야 했기에 필요한 면적만 지으려는 건축주를 설득했다. 두 명의 친구 사무실 포함해 최대한의 용적을 짓게 되었다.

흔히 근린시설의 설계는 법규와 싸움이라고 얘기한다. 작은 대지 면적에 도로와 일조권의 사선 제한, 소방 법규 등 제재 조항을 맞추다보면 대략 건물의 윤곽이 결정되기 때문이다. 서쪽 도로에 면한 대지로서, 정면에서 보면 북쪽면 위로 갈수록 좁아지는 허용 볼륨이 결정되었다. 거기에 설계사무소·영화사·애니메이션 사무실과 건축주의 텍스타일 회사를 끼워 넣는 프로젝트였다. 층별로 서로 그다지 연계되지 않는 독립된 사무실, 그것들이 병렬의 조합으로 이루어지는 전형적인 근린시설 구성이었다.

사선 볼륨으로 만들어지는 근린시설 유형을 생각했다. 생각보다 많은 숫자의 건물이 이러한 상황에 놓여 있었다. 전체 정해진 볼륨 내에서 사무실별 독립 매스 형태를 드러내면서 그들이 조합되는 방식을 골격으로 삼았다. 연결고리로서 계단을 별도 형태로 덧붙여, 법규의 볼륨과 내부 공간의 형식이 공존하는 건축 유형을 생각했다. 유형적으로 조합의 방식에서 보면 허유재 병원과 크게 다르지 않았다.

사선의 볼륨과 개별 매스가 엇나가게 쌓이는 집합의 방식을 상정했다. 허유재 병원과 달리 여러 크기의 테라스형 외부공간이 드러났다. 유형이라는 지표는 하나의 전형을 만드는 일이되 같은 개념에서도 얼마든지 변형이 가능한 수단이었다. 형태적인 유형이라기보다는 기능과 무관하게(별다른 기능이랄 게 없었다) 도시와 관계를 배경으로(혹은 지침, 법규) 내부의 공간 형식을 강조하는 근린시설 유형의 사례로 완성했다.

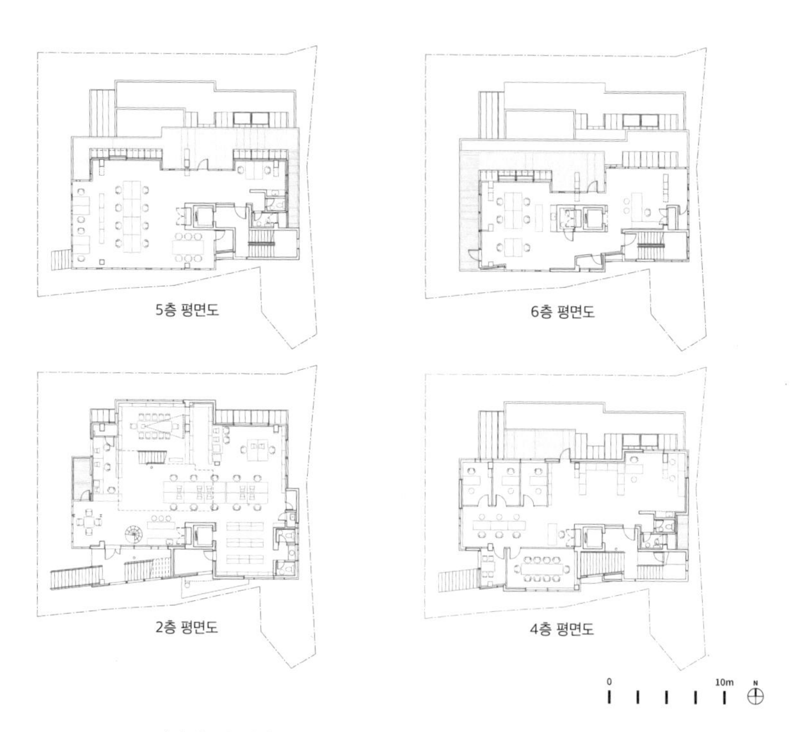

각기 다른 독립된 기능이 병렬적으로 조합되는 구성을 생각했다.

개별 매스와 사선의 볼륨을 절충해 다양한 형태의 테라스를 덧붙였다.

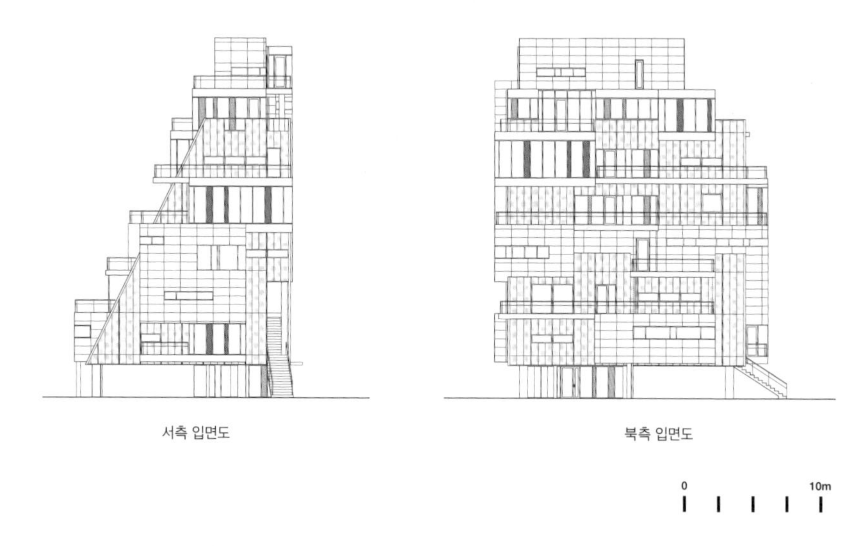

독립된 기능별로 매스와 재료를 구분해 집합의 형태를 강조했다.

©김재경

도시에서 흔히 발견되는 사선형 근린시설 유형의 사례를 목표로 삼았다.

하이퍼 카탈루냐(Hiper Catalunya), 스터디, 2002

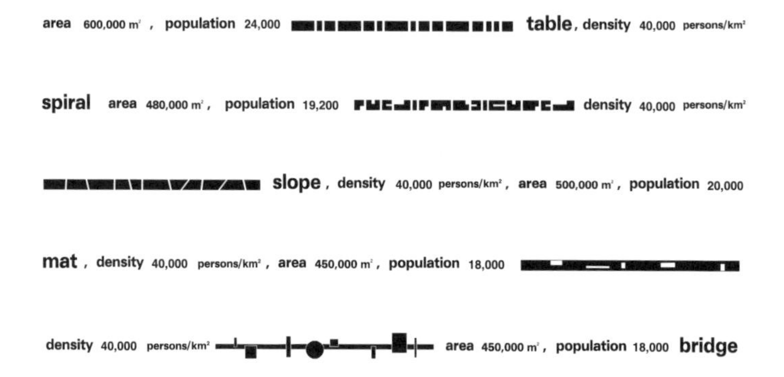

카탈루냐는 바르셀로나를 포함하는 스페인 동부지역이다. 원래 군주국이었다가 18세기 초 카스티야 왕국에 완전히 통합되었다. 스페인 내전의 중심지였고 아직도 바스크와 더불어 독립의 기운이 충만한 지역이다. 카탈루냐 도시와 건축의 미래를 모색하는 스터디에 다른 20여 명 건축가와 함께 초청되어 작업한 프로젝트였다.

카탈루냐, 특히 바르셀로나는 유럽의 다른 지역이나 도시에 비해서 관광객·노인·이민자의 기하급수적 증가 비율이 심각했다. 게다가

불안정한 정치 상황과 맞물려 기존의 교육·의료·교통·주거시설의 부족도 누적되고 있었다. 새로운 인프라가 필요했고 어떠한 방법으로든 도시의 밀도를 높여야 하는 도전을 받고 있었다. 건축가들의 상상력에 기반한 리서치와 스터디 프로젝트가 기획되었다.

기존의 도시에 파고들어 밀도를 높이면서 공존할 수 있는 대형 구조체의 건축 유형을 탐구하는 방향으로 작업의 목표를 설정했다. 새로운 거주 인구를 신도시라는 이름으로 내모는 방식보다는 기존의 개발 영역에 자리를 만드는 압축도시의 관점을 적용했다. 도시 내부에서 상대적으로 소외되었던 장소, 즉 인프라 주변이나 바닷가·강변·산기슭·저밀도 지역 등에 들어설 수 있는 대형 구조체의 건축적 유형을 제안하는 일로 과제에 대응했다.

테이블·스파이럴·슬로프·매트·브릿지 등 5가지의 대규모 건축 유형을 제안했다. 새로운 시설의 정확한 프로그램은 불확정적이기에 더욱 유형의 제안에 집중했다. 각각의 유형은 놓이는 장소를 유추해 조직했지만, 대부분 단위 개체·공간·구조들이 조합되는 체계로서 정비했다. 적용 가능한 땅에 대형의 구조체가 이식되는 대안도 현실적인 사례로서 제시했다. 유형에서 확대되어 규모와 장소에 기댄 집합 형태의 과제를 실험했다.

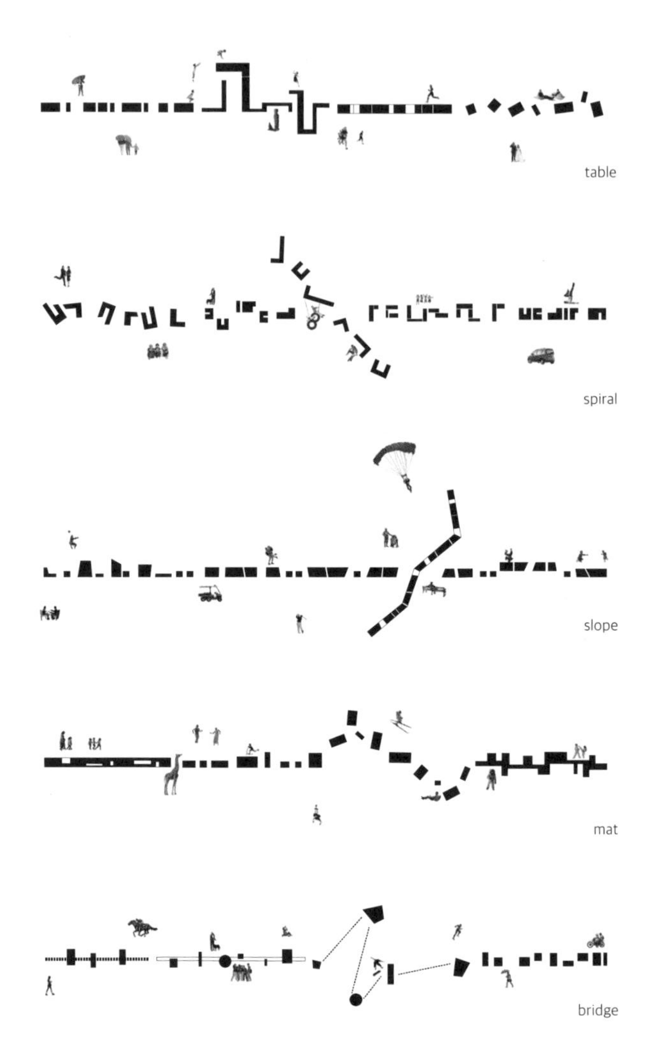

단위 개체, 공간, 구조들이 조합되는 체계로서 5가지 유형을 제안했다.

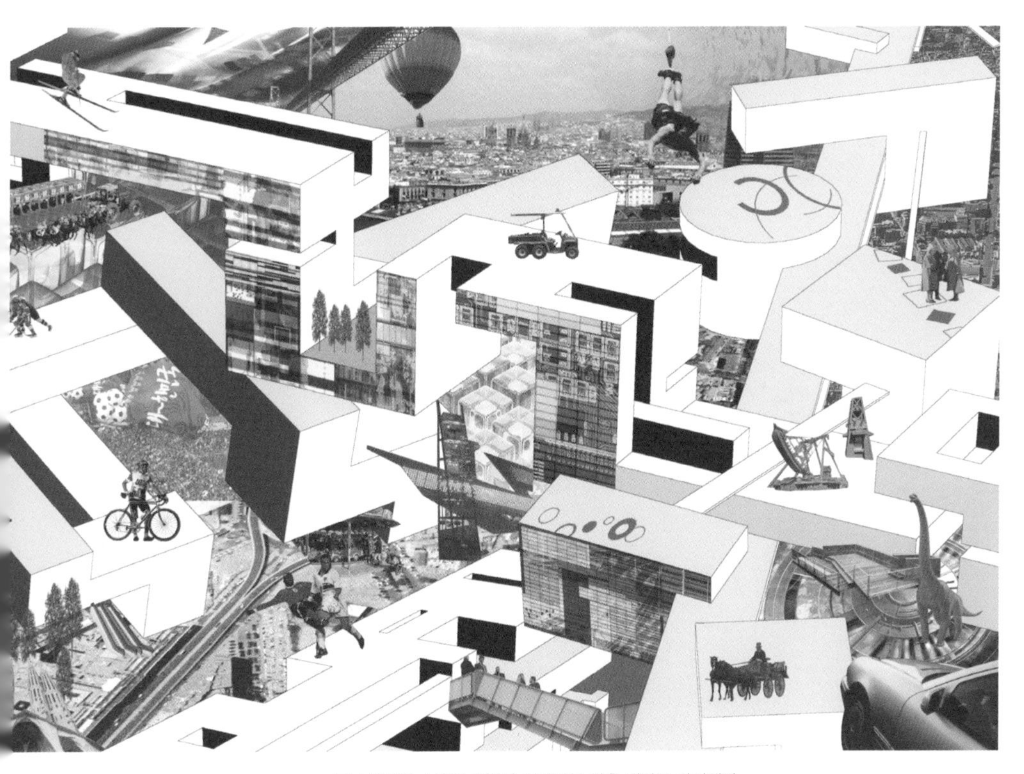

도시 내부의 소외된 지역을 대상으로 압축 개발을 상정했다.

장소의 변수를 고려하여 유형별로 단위 영역이 집합되는 체계를 달리했다.

slope

table

mat

spiral

bridge

구조체의 유형이 실제의 도시에 이식되는 대안을 장소별로 예시했다.

매트 빌딩
Mat Building

건축에 다가서던 수업의 시기, 공간에 다니면서 가장 많이 들었던 단어 중 하나가 '현상설계'였다. 매일 늦게까지 일하고 구석방에서 쪼그려 자는 여러 동료에게 현상설계는 선배들의 무용담이 전설처럼 내려오는 여러 편의 소설이었다. 밤새 작업하다 서로 전화로 작업의 일정을 확인하면서 지친 마음을 나누고, 누가 되든지 함께 가는 길의 동반자로서 복기도 공유하던 그런 시기도 있었단다. 전설에는 진위를 알 수 없는 기승전결이 모두 들어있었다.

막판 프레젠테이션 단계에서 사소한 실수로 마감을 망친 얘기, 차량으로 완성품을 제출하러 가다가 창문 밖으로 날린 얘기, 마지막 단계에서 김수근 선생님이 개입하면서 제출 못 할 뻔한 얘기… 에피소드는 끝도 한도 없었다. 제출 마감 거의 끝판 무렵에 누군가 소주 한 병을 차고 나타나 잠든 사이 근사한 투시도를 끝내고 떠났다는 신화와 같은 얘기도 남아있었다.

물론 심사와 관련된 뒷담화도 차고 넘쳤다. 현상설계는 단기간에 에너지를 집중하다 보니 기억에도 오래 남을 뿐더러, 마무리 단계에 가면 외골수의 기대가 상승해 자신의 안이 최고라는 결론에 도달하게 된다. 그러나 축적된 치열한 작업 시간에 비해 단시간에 당선안을 결정하다 보니, 어쩔 수 없는 속성의 승복하기 힘든 결과 탓에 뒷얘기만 무성하게 남는다. 대부분 결과가 좋지 못해 가슴에 묻고는 곧 잊는다. 작업을 둘러싼 상황만 이야기로 과장되는 일, 현상설계를 그렇게 이해했었다.

나에게 1990년대 초중반은 어느 정도 건축 실무 경험을 마치면서 앞으로 어떻게 살지 미래를 고심하는 시기였다. 공간에서 만났던 한 선배는 지금보다 합격률이 훨씬 낮았던 당시, 면허를 따자마자 건축사가 없는 지자체로 내려갔다. 그리고 불과 얼마 후, 새로 차린 사무실에서 일 년에 허가를 300건 이상 처리한다며 갓 뽑은 하얀색 그랜저와 함께 나타났다. 물론 일찌감치 자신의 사무실을 연 젊은 건축가의 패기로 그간 주목하지 않던 사소한 프로젝트에서 의미와 성과를 보여주는 선배도 있었다.

건축가는 40살쯤에 자기 작업을 시작하는 게 좋다는 출처가 불확실한 얘기도 떠돌았다. 건축가의 기본 능력을 구비하고 자기의 사고를 정리하다 보면 그쯤 된다고 계산했던가. 굳이 공감하지는 않았지만 앞날을 따져보니 어쩔 수 없이 그리 흘러가는 수순이었다. 그간의 경험을 바탕으로 나의 조건에서 앞날을 예상해야 했다. 많은 시간이 남아있는 건 아닌데 지향과 선택의 갈피를 잡기 어려운 시기였다.

외국에서 유학을 마친 동년배와 선배 건축가들이 하나둘 귀국하던 시기이기도 했다. 미국 동부·미국 서부·프랑스·이탈리아·영국… 이리도 많이 나갔었구나, 새삼 깨달았다. 가끔 그들을 만나 새로운 세상의 단편을 들으면서 건축의 미래를 생각하지 않을 수 없었다. 참신한 사고의 작업도 하나둘 건축 잡지에 소개되기 시작했다. 이제는 도제 방식으로 건축 사무실에서 실무를 익히고 거기서 배운 지식을 응용하면서 자신의 길을 개척하는 시대가 아니라는 생각이 몰려왔다.

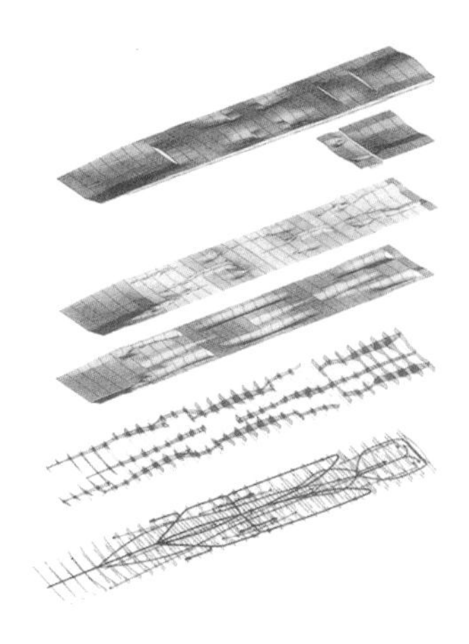

알레한드로 자에라폴로,
요코하마 페리터미널 현상설계 당선안, 1994

열망이 깊어지면서 별다른 준비 없이 런던으로 떠났다. 유학 절차가 복잡한 미국이나 영어 이외에 새로운 언어를 배워야 하는 나라는 불가능했기에, 영국 외에 선택의 여지가 별로 없었다. 잠시 학교 과정을 거친 후 외국 사무실을 경험해볼 계획이었다. AA의 대학원 과정에 등록했다.

대학원이라 하더라도 같이 수업 듣는 친구들과는 10살 정도 차이가 났다. 몇몇 튜터는 나보다 어렸다. 새벽에 영어 강좌를 들으면서 새로운 환경에 적응하는 일상을 시작했다. 학교 커리큘럼에는 지식의 전달뿐 아니라 건축가의 기본 훈련 과정도 당연히 들어있었다. 왜 이런 과제를 시키는지 뻔히 알 만하기에, 지난 시기 무수히 날밤을 지냈던 일을 반복하는 과정은 참기 힘들었다.

마침 서울에서 만나 약간의 친분이 있던 학부의 선생 알레한드로(Alejandro Zaera Polo)의 중재로 그의 사무실에서 현상설계를 도와주는 것으로 학교 과제를 대체할 수 있었다. 알레한드로는 그때 전세계 건축가의 관심이 집중되었던 요코하마 페리 터미널 국제 현상설계에 당선되어 그야말로 AA에서 떠오르는 스타였다. 과제 외의 강의와 수업은 꼬박꼬박 참여했다.

이런 변칙적인 조정은 제프리(Jeffrey Kipnis) 덕분에 가능했다. 대학원 설계 담당 교수였던 그가 학교 과제를 대신해서 알레한드로와 협업을 흔쾌히 인정해주었다. 그는 건축가라기보다는 돌연변이처럼 스스로 만들어진 건축 이론가에 가까웠다. 건축 실무에 관한 세세한 상식은 부족했지만, 설계 수업에서 펼치는 건축을 바라보는 모든 사고가 신선했다. 새로운 접근과 목표에 항상 목말라 있었고 제도나 규칙을 벗어나는 일에 거침이 없었다. 더할 나위 없는 자극을 그에게서 받았다.

꽤 오랜 시간을 알레한드로와 함께 지내면서 몇 가지 현상설계를 함께 했다. 내 자리 앞에는 요코하마 페리 터미널 현상설계 당선안 패널 원본이 걸려 있었다. 커다란 하몽과 진한 에스프레소에 묻혀서 보낸 시간만큼 당선안과도 익숙해졌다. 당시 학교와 건축계에서 논의되는 모든 이론이 녹아 있는 작업이라고, 어쩌면 그의 능력을 넘어서는 행운도 가미된 작업이라고 혼자 곱씹었다.

거기에는 막 도입된 컴퓨터 설계가 바꿀 수 있는 건축의 영역이 확장되어 있었다. 미분과 적분의 사고에서 발전된 반복과 차이의 디자인이었으며, 건축·조경·토목의 영역을 넘나들면서 건축의 입면과 단면과 조형의 개념이 섞여 있었다. 게다가 건축의 새로운 생산방식(실지로 당선 이후 오랜 시간을 허비하고서 조정된 안으로 3곳의 조선소에서 만들어 조립하였다)까지 포함된, 그 시대 건축이 지향하는 모든 단초를 품고 있었다. 현상설계가 미지의 영역을 탐험하는 수단이라는 사실이 놀라웠다.

주변을 둘러보니 알레한드로뿐 아니라 학교의 젊은 튜터들은

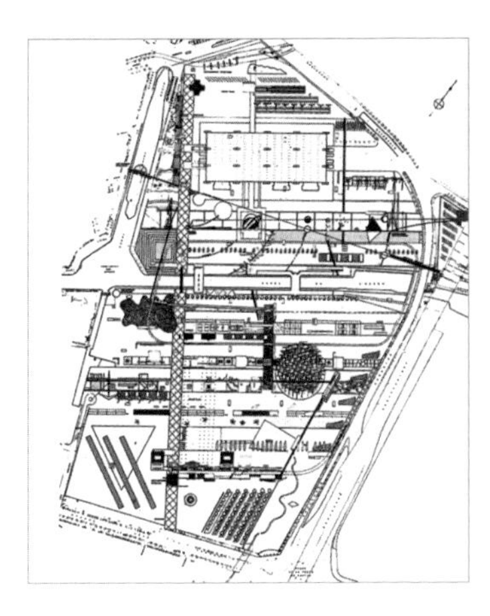

렘 콜하스,
라빌레트 공원 현상설계안, 1983

현상설계에 목숨을 걸고 있었다. 현상설계는 이전에 경험했던 에피소드로 남는 스토리가 아니었고, 젊은 건축가에게는 기성 건축가 단계로 건너가는 유일한 디딤돌이었다. 그들은 현상설계에서 떨어지더라도 계속 작업을 발전시켜 자신의 경력으로 삼았고, 출판 매체에 발표하면서 자신이 열어갈 미래를 담보하고 있었다.

심사위원의 역할도 새롭게 보였다. 젊은 건축가들의 열망을 좋은 방향으로 이끌어가는 너무나도 중요한 자리였다. 시드니 오페라하우스나 홍콩 피크 현상설계처럼, 이미 낙선되어 구석에 버려진 안을 눈이 밝은 심사위원이 다시 끌어올려 당선시킨 전설도 있었다. 많은 건축가가 자신의 건축적 지평이 선택되는 순간까지 부단히 노력하는 현상설계의 시스템 정상에 심사위원이 자리하고 있었다. 이소자키(Arata Isozaki)나 렘 콜하스(Rem Koolhaas)가 심사하는 프로젝트는 참여자가 기하급수적으로 증가하는 단적인 사례도 이상하지 않았다. 660여 개의 안이 제출된 요코하마 페리 터미널 역시 심사위원 명단에

필리포 브루넬레스키,
피렌체 대성당의 돔,
1419 현상설계, 1436 준공

서 이소자키, 렘, 토요 이토(Toyo Ito) 등을 찾을 수 있었다.

요코하마 페리 터미널 현상설계 참가작을 살펴보는 일은 쏠쏠한 공부가 되었다. 당선안과 유사한 제안도 여럿 있었다. 이미 프로그램이 내포한 프로젝트의 방향성이기도 했지만, 부분의 반복으로 거대한 형태를 다루려는 건축가들의 시대적 관심이 집중된 결과라고 느꼈다. 현상설계는 단지 당선안과 뒷말만 남는 절차가 아니고 시대의 건축 흐름을 생생히 살펴볼 수 있는 전시회라고 관점이 바뀌었다.

건축의 과거를 더듬어 보다가 서구에서 현상설계의 역사가 무척 오래되었다는 사실도 깨달았다. 브루넬레스키(Filippo Brunelleschi)의 피렌체 돔(성당의 북문 역시 현상설계였다)은 르네상스를 여는 기념비적인 현상설계였으며, 이후에도 현상설계는 건축 역사의 일정 부분 몫을 차지하고 있었다. 산업혁명 이후 빅토리아 시대 영국에서는 거의 일주일에 한 번꼴로 현상설계가 벌어졌다는 기록도 있었다. 그 시대 가장 많은 당선안을 만들었던 3명의 건축가를 추적해보니, 건축사에서 이름을 찾아볼 수 없다는 아이러니도 발견하였다. 현상설계가 가지는 한계였다. 현상설계가 건축 역사에 끼친 영향을 그리 크게 보지 않는 시각도 존재했다.

반면에 건축사에 기록된 많은 계획안이 현상설계에서 낙선한 안이라는 사실도 확인했다. 아돌프 로스(Adolf Loos)의 시카고 트리뷴 안, 르코르뷔지에의 국제연맹 안, 러시아 구성주의자의 제안들, 렘 콜하스의 라빌레트 안과 프랑스 국립도서관 안 등 많은 참여작이, 현상설계의 당락과 관계없이 이후 건축가들에게 당선안보다 더욱 큰 영향을 미치고 있었다. 현상설계를 바라보는 시각이 완전히 바뀌었다.

21세기 들어 스타 건축가들의 역할이 확대된 이후 중요한 현상설계는 몇몇 건축가들만의 내부 경연장으로 바뀌었다. 비슷한 이름이 나열된 소수의 지명 건축가 풀이 도시의 이름과 프로그램의 내용만 바꾼 채 한동안 전 세계에서 무한히 반복되었다. 자신의 이름과 자아를 투영해야 하니, 시대도 장소도 이론도 무시된 채 되새김질의 반복된 제안과 떨어지면 그뿐인 그야말로 로터리 식 뽑기로 넘어가 버렸다. 스타 건축가의 광풍이 약화된 이제는 현상설계의 일탈도 한풀 식었을까.

현상설계의 관심이 연장되어 그 시기 자리 잡기 시작한 주거 복합 프로그램의 유로판(Europan)을 깊이 들여다보았다. 유럽 대부분의 나라가 참여하여 여러 도시의 프로젝트를 발굴하고 40세 이하 젊은 건축가를 대상으로 경연을 벌이는 행사였다. 당선안의 실현을 전제로 2년마다 진행되는 특수한 현상설계였다. 도시와 주거 프로그램을 매개로 다양한 규모의 프로젝트에서 다양한 참가자들의 다양한 아이디어가 축적되는, 눈여겨볼 만한 대단한 작업들의 경연장이었다.

유로판 4의 결과물 보고서, 1997

유럽 각 지방 자치단체와 공사업체가 젊은 건축가의 참신한 아이디어를 실현하기 위해 뭉친 여러 조직이 마련되어 있었다. 유로판을 거쳐 건축계에 이름을 알리기 시작한 젊은 건축가들도 여럿 등장했다. 젊은 건축가의 경험 부족도 한몫하겠지만, 주거 프로젝트가 지니는 지극히 현실에 기반한 조건 때문에 당선안의 1/3 정도만 실현되고 있었다.

네 번째 유로판(1997)의 결과물을 보다가 문득 반가운 이름을 발견했다. 이레네(Irénée Scalbert)는 AA의 건축이론 선생님이었는데, 특이하게도 1970년대 말에 공간 설계사무소에 근무한 이력이 있었다. 우연한 기회에 학교에서 알게 되어 공간을 매개로 추억을 더듬어 소소한 관계를 이어오고 있었다. 그의 글, 유로판의 여러 제안들을 평가한 "60년대를 90년대에 대입하기(Putting the 60's into the 90's)"를 읽으면서 매트의 개념에 빠져들었다.

그는 1990년대 건축가들의 유로판 제안이 너무나 슬래브 블록(Slab Block)에 치우쳐 있음을 지적했다. 그로피우스(Walter Gropius)의 모더니즘에서 유래한 형태주의의 근원으로서 슬래브 블록을 정의하

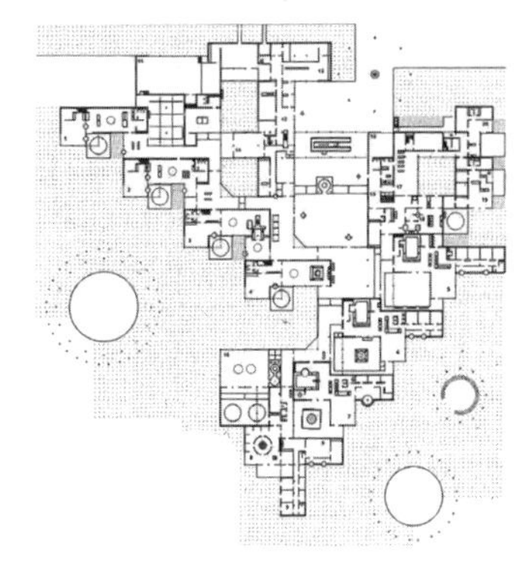

알도 반아이크,
암스테르담 고아원, 1960

였고 그것의 역사적인 한계를 지적했다. 슬래브 블록이란 우리의 아파트처럼 독립된 단위 주동의 반복을 이르는 단어이다. 그러면서 슬래브 블록의 반대편에 있는 알리슨 스미슨(Alison Smithson)이 '매트(Mat)'라 명명한 1960년대의 개념을 소개했다.

슬래브와 매트는 완전히 다른 개념이지만 상호보완적이라 정의하면서, 라생트봄(La Saint-Baume)의 지속도시 안(르코르뷔지에, 1948)을 매트의 첫 번째 사례로 꼽았고, 할렌 주거단지(아틀리에 5, 1960), 암스테르담 고아원(알도 반아이크, 1960), 베니스 병원(르코르뷔지에, 1964) 등 1960년대 프로젝트를 거론했다. 그리고 매트의 개념으로 묶을 수 있는 1960년대의 사고가 1990년대의 유로판에 다시 적용되는 의미를 평가했다.

그는 슬래브와 매트가 각각 채움(Solid)과 비움(Void), 열림(Openness)과 닫힘(Closeness), 익명(Anonymity)과 친밀(Intimacy), 고층(Sky-Scraping)과 저층(Ground-Hugging), 확정적 형태(Finite Geometric Form)와 불확정적 무형(Indeterminate Formlessness)의 상대적 개념이되,

칸딜리스·요식·우즈,
베를린 자유대학 현상설계 당선안, 1963

둘다 고밀도 주거 모델에 유용한 공통성을 전제했다. 그러면서 유로판의 여러 제안 속에서 복합 시스템의 매트 개념으로 분류 가능한 몇몇 제안을 주목했다.

1974년 영국 《AD》 9월호에 알리슨 스미슨은 "매트 빌딩의 이해(How to Recognise and Read Mat Building)"라는 매트 개념을 정의하는 글을 게재했다. 1950년대부터 70년대까지 매트 빌딩으로 분류할 수 있는, 르코르뷔지에 이후 팀텐(Team 10) 건축가들과 자신(스미슨 부부)의 작업 등을 연도별로 정리했다. 이슬람과 일본의 전통 건축과 지중해 마을에서 개념적 사고를 시작해 스미슨 부부(대부분 현상설계 제안), 칸딜리스·요식·우즈(Georges Candilis, Alexis Josic and Shadrach Woods), 알도 반아이크(Aldo van Eyck), 르코르뷔지에 등 여러 건축가 작업의 공통점을 묶어 '매트 빌딩'이라 정의하였다. 건축계의 관심이 촉발되었다.

알리슨은 매트 빌딩의 특성에서 연결(Inter-Connection), 군집의 패턴(Pattern of Association), 확장(Growth)과 축소(Diminution) 그리고 변형(Change)의 가능성을 주목했다. 현상설계 이후 마침내 준공의 시점에 있던 칸딜리스·요식·우즈의 베를린 자유대학을 매트 빌딩의 개념이 축약된 정점의 실체 프로젝트로 선정하면서, 그간 자신이 추구해온 오랜 관심을 집대성해서 잡지에 발표한 것이었다. 이제는 매트 빌딩이 주류의 건축을 지향한다는 소제목까지 붙였다.

1963년 칸딜리스·요식·우즈는 이전 프랑크푸르트 도심의 재개발 제안을 발전시킨 자유대학 현상설계 안으로 건축계에 센세이션을 일으키며 당선되었다. 아랍 도시의 메타포(매트 빌딩)가 단순한 프리패브의 모듈러 시스템 반복을 수단으로 가로·광장·중정·이중 보도 등 믿을 수 없을 정도로 다양한 풍경으로 구현되었다고 평가받았다. 위계가 없이 분산된 수평의 커뮤니티, 저층의 마천루(Ground-Scraper), 유형에서 벗어난(Typology Free) 건축 등 매트 빌딩 개념을 대표하는 수작으로 평가받았다. 베를린 자유대학은 현상설계 당선 이후 거의 10년 만에 현실과 타협한 안으로 완공되었다.

지나고 보니 베를린 자유대학 이후 매트 빌딩의 개념이 알리슨 스미슨의 바람처럼 주류의 건축으로 이행되지는 않았다. 논지에서 보듯 알리슨은 1950년대부터 매트 빌딩의 개념에 관심을 두었고 이후에도 개념을 환기시키는 부단한 작업을 수행했는데, 마침내 자유대학의 결과가 도출되었으니 비록 자신의 작업은 아닐지라도(스미슨 부부의 매트 작업은 거의 실현되지 못하였다) 얼마나 뿌듯하였을지 짐작할 만했다. 그러나 개념이 강하고 익숙하지 않은 조형의 매트 빌딩 실체는 기대만큼 반향을 얻지 못했고, 1970년대 건축 사조가 과거 회귀적으로 흐르면서 베를린 자유대학은 특이한 돌연변이 프로젝트의 자리에 묻히면

칸딜리스·요식·우즈,
베를린 자유대학 준공안, 1973

서 성과는 바로 잊혀졌다.

1990년대에 매트 빌딩의 개념이 재발견된 여러 이유가 있었지만, 내게는 도시적 프로젝트의 가능성이 가장 큰 관심이었다. 베를린 자유대학은 원래 단독주택이 밀집되었던 지역에 들어선 프로젝트임에도 르 코르뷔지에의 파리 개발안과 달리 도시 조직의 단편을 유지·보존·계승시킬 수 있는 접근이었다. 저층이지만 상대적 고밀도를 지향하는 개념이었다. 스케일과 무관한 적용이 가능하여 도시와 건축을 넘나드는 해석이 가능한 개념으로도 보였다. 베를린 자유대학의 현상설계 설명안에서 건축을 묘사하는 스케치보다 정교한 다이어그램이 우선하는 전개도 발견하였다.

몇 번 베를린 자유대학을 방문하면서 눈으로 보는 결과보다는 그것을 가능하게 만든 배경을 이해하려고 노력했다. 건축이 주인이 아니라 사용하는 사람이 주인이라는 당연한 화두가 베를린 자유대학 안에서 작동하는 방식을 이해하려 노력했다. 건축가의 역할, 건축이 어디에서 건축가의 손을 떠나는지, 손보다 머리로 구상하는 건축이 무엇인지, 현실적인 의문을 반추하는 체험의 시간이었다.

이후 오랫동안 매트 빌딩의 두 가지 상대적인 특성은 내가 건축을 바라보는 좌표 역할을 했다. 항상 서울에서 작업할 때 필요한 근원적 사고가 무엇인지 고심하던 시기였고, 마침 관심의 영역을 도시 쪽으로 넓히던 시기였기에, 도시와 건축의 중간 지점에서 매트 빌딩의 각론은 무한한 기본 명제로 머릿속에 자리 잡았다. 고층-저층, 채움-비움, 열림-닫힘, 확정-불확정, 형태-조직, 실내-실외, 자연-인공, 오브제-스페이스 등 계속 추가되는 상대적 특성 안에서 건축 작업을 전개하고 조정할 수 있는 중요한 열쇠가 있음을 깨달았다. 처음 사무실을 열고 진행한 대다수 프로젝트는 당연히 거기서 출발했다.

파주출판도시 공동주거, 계획, 2000

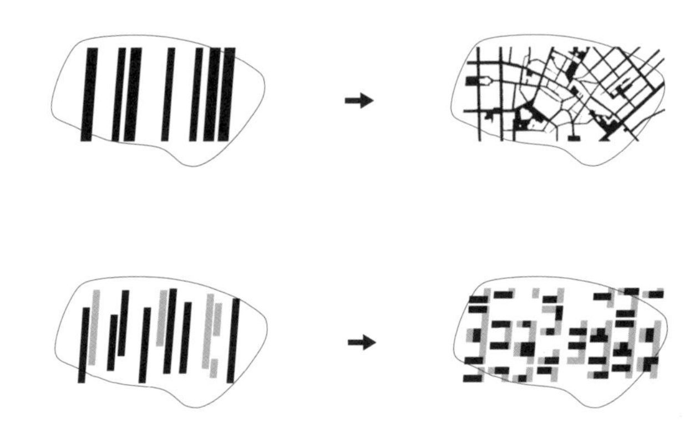

파주출판도시의 1단계 지침을 마련하고 본격적으로 건축 작업이 진행되면서 몇 가지 특수 프로그램을 보완해야 했다. 물류센터와 상업시설, 그리고 나중에 아시아센터라 명명된 호텔과 컨벤션 시설이었다. 출판사와 인쇄소 프로그램의 집적을 뒷받침할 공동시설이기에 일부는 지침에 반영했지만, 사업의 주체가 명확하지 않아 뒤로 미루어 둔 시설이었다. 독립된 필지에 자리하는 주거시설도 그중 하나였다.

주택조합 방식으로 공동주택 작업을 진행하기로 결정되었다.

두 개의 필지에 작은 규모의 단위 유닛(실평수 10여 평 내외) 대략 400세대를 목표로 프로젝트를 검토했다. 주거시설은 출판사의 대량 이전에 따라 당장 필요한 중요한 기능이었다. 파주출판도시 부지는 접경지 군부대 작전 지역이었기에 높이 제한이 걸려 있었다. 저층이되 고밀도, 매트 빌딩의 전제 조건에 딱 들어맞는다고 생각했다.

지중해 전통 마을, 아랍의 도시, 베를린 자유대학, 유로판의 사례를 검토하면서 그간 상상하던 채움과 비움, 열림과 닫힘, 완결과 미완 같은 변수로 공동 주거를 실험해볼 수 있는 기회였다. 언젠가부터 슬래브 블록의 반복으로 굳어버린 우리나라 아파트 형식에 대안을 제시하는 프로젝트라는 목표도 설정했다. 작업을 진행하면서 유럽권에서 제시되었던 대부분 매트 빌딩의 프로젝트 밀도는 우리에게는 턱없이 낮은 용적(대개 2층)이었음을 깨달았다. 거의 두 배의 밀도를 기본적으로 녹여내야 하는 매트 빌딩의 새로운 대안이 필요했다.

여러 검토 끝에 대략 3~5개 층이 반복되는 사선의 단면을 기본으로, 필지별 두 개의 비정형 형태 안에서 400여 세대가 조직되는 해법을 제시했다. 내부의 도로(복도), 공유하는 중정, 세대 간의 오픈스페이스, 저층부와 옥상을 활용하는 변형 등 매트 빌딩에서 유추된 수직의 커뮤니티 동네를 제안했다. 그러나 우리에게 공동 주거는 투자의 수단이라는 인식이 우세하기에 새로운 시도가 파고들기 어렵다는 현실을 맞닥뜨렸다. 결국 매트 형식의 실험적 프로젝트는 고급 연립주택의 현실적 대안으로 대체되었다.

ㄱ자형 단위 유닛(실평수 10여 평 내외) 400세대가 반복 조직되는 매트 형식을 실험했다.

매트 주거의 이미지 모형. 2002년 베니스 비엔날레 공식 출판물의 표지에 게재되었다.

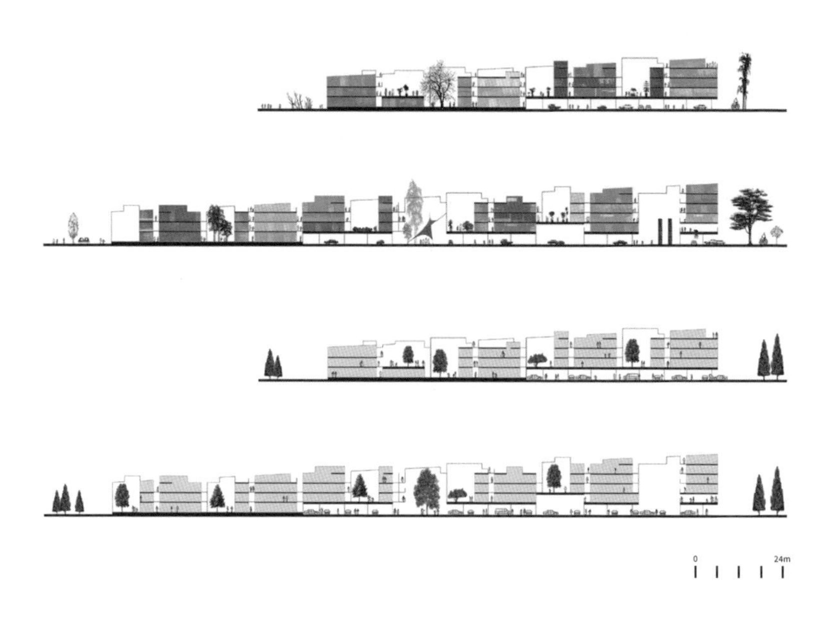

두 블록 모두 3층에서 5층까지 남쪽으로 경사진 단면을 구성했다.

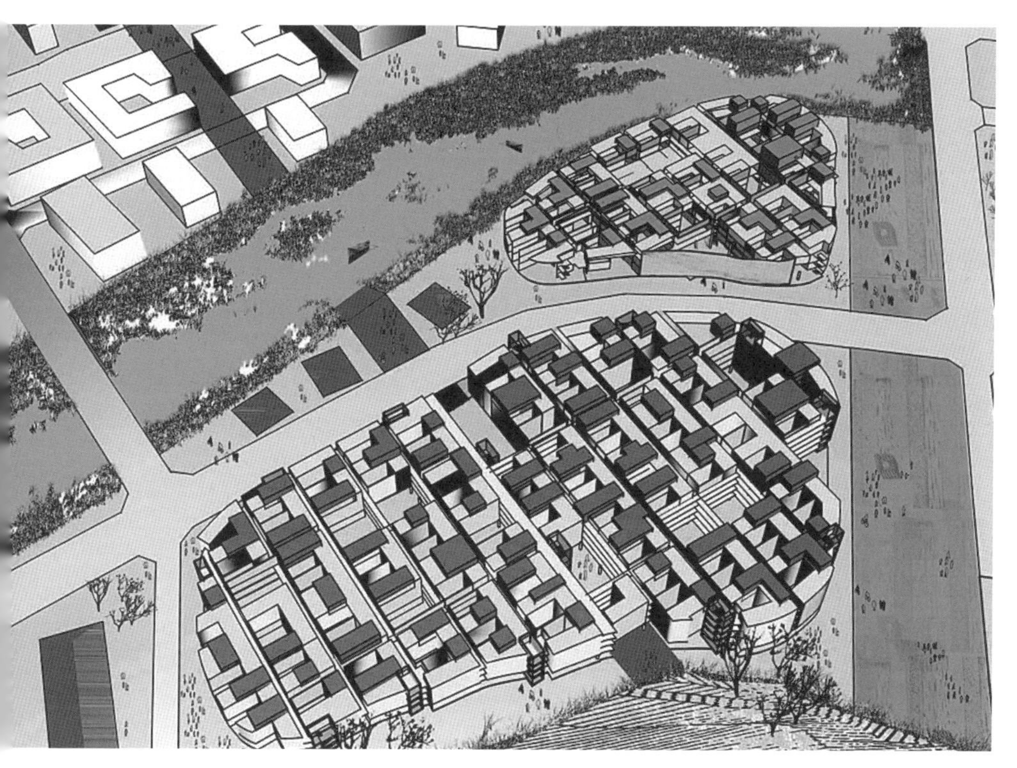

채움과 비움, 열림과 닫힘, 완결과 미완의 변수로 공동체 주거의 대안을 제시했다.

자하재, 파주시 헤이리예술마을, 2002

헤이리예술마을은 파주출판도시와 병행되어 출판사 대표, 아티스트의 주거와 작업 공간이 복합된 이상향으로서 출발했다. 개인적으로 별도로 진행하던 젊은 문화인 집단의 공동체 프로젝트를 헤이리예술마을 F지구에 소개하면서, 그들 몇 개의 단독주택 프로젝트에 관여했다. 헤이리예술마을 건축지침과 100여 평의 대지, 아버지와 아들 두 세대가 함께 사는 프로그램으로 자하재 작업을 시작했다.

베를린 자유대학과 매트의 개념에 빠져 프로젝트의 기회를 엿

보던 시기였다. 두 개의 세대, 따라서 일반 단독주택보다 훨씬 세분화된 프로그램, 도시 외곽에 위치하여 상대적으로 널널한 대지 규모 등, 작은 프로젝트이지만 매트 빌딩의 개념을 적용할 수 있다고 판단했다. 주택이라는 장소도 따져보면 가족의 다양한 자아가 충돌하는 개인과 공공의 영역이 있고, 아파트를 거부하고 교외의 단독주택을 선택한 사실에는 그런 기대가 묻어있다고 전제했다.

은퇴한 아버지(부부)의 영역, 집에서 작업하는 아들(부부와 딸)의 영역, 그리고 함께 쓰는 공동의 영역으로 나눈 세 개의 구획에다 다시 개인과 공공 영역의 성격을 더하니, 위계가 없는 분산된 수평의 복잡한 구성체계가 도출되었다. 모든 실내 프로그램에 대응하는 외부공간의 짝을 보태 작은 도시를 지향하는 매트 빌딩 개념의 단독주택으로 정비했다.

베를린 자유대학의 공간적 허전함은 스페인 알함브라 궁전의 단아함으로 보완하여 단독주택 하나의 사례로 완성했다. 일부 지하와 2층을 덧붙여 체계만으로 이루어지는 건축의 기능적인 부족함과 형태적인 생경함도 보완했다. 건축주의 전폭적 이해는 지금도 감사한 마음이다. 완성되고 몇 년이 지나(2010) 자하재는 뉴욕 현대미술관 건축과 디자인 분야 소장 작품으로 등재되었다.

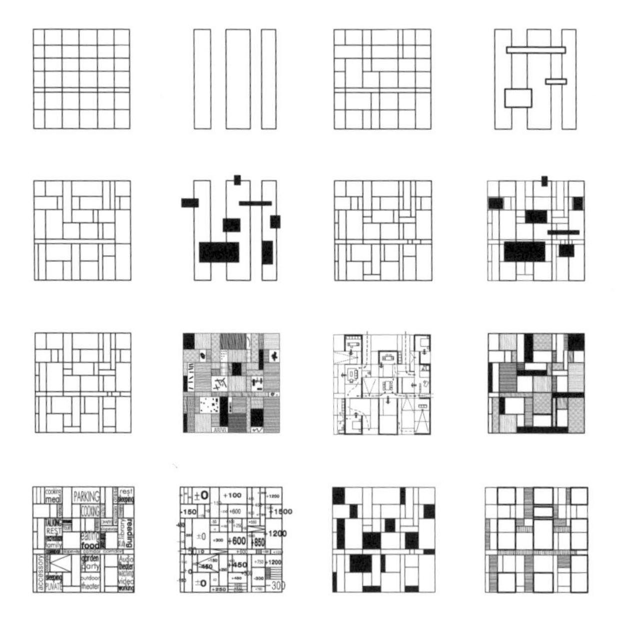

영역별 성격으로 내외부 공간을 나누고 분산된 수평의 구성 체계를 발전시켰다.

공동 거실과 마당, 모든 실내 프로그램에 대응하여 외부공간의 짝을 조직했다.

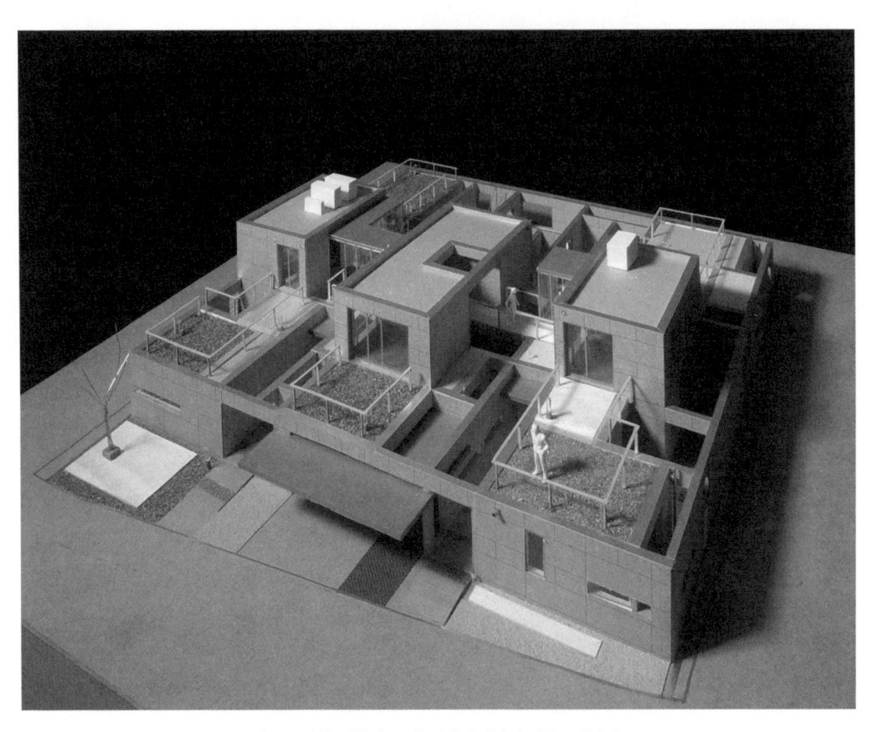

작은 도시를 지향하는 매트 빌딩 개념의 단독주택이다.

2010년 자하재는 뉴욕 MoMA의 건축과 디자인 분야 소장 작품(Acquisitions)으로 등재되었다.

국립현대미술관, 현상설계, 2009

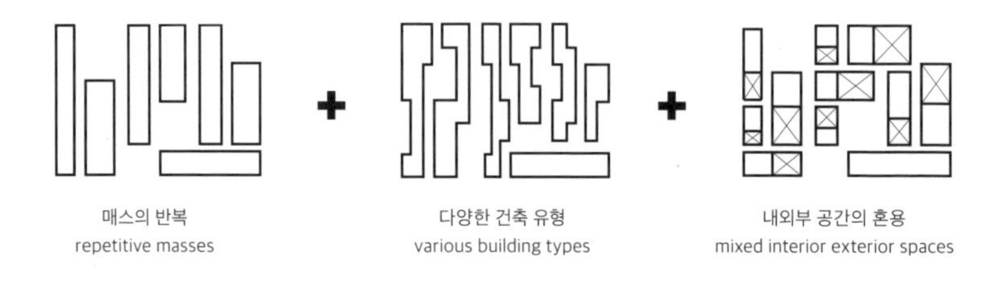

매스의 반복
repetitive masses

다양한 건축 유형
various building types

내외부 공간의 혼용
mixed interior exterior spaces

서울 중심부 경복궁 동쪽 기무사 이전 부지에 들어서는 국립 현대미술관 서울관의 현상설계 프로젝트였다. 조선시대 소격서와 종친부 등이 자리 잡았던 역사성을 지닌 장소였다. 게다가 주변 지역은 경복궁에서 북촌으로 이어지는 도심 문화 거점의 중심이었다. 이들 도시 구조의 맥락을 제어하는 새로운 미술관의 모델을 모색했다.

역사적으로 미술관은 왕궁이나 부호의 저택 등 규모를 활용하는 모델(대형의 공간)에서 시작해, 신전형의 모델(권위의 공간), 학교형의 모델(복제의 공간), 시장형의 모델(순환의 공간) 등으로 변천해 왔다. 유연한 질서에서 불확정적 대응(다양한 전시)이 가능한 매트 형식의 구성 체계를 해법으로 판단했다.

자하재에서 시작된 내외부 공간 혼용의 체계를 검토했다. 반복과 집합의 내부공간 질서에 외부공간이 교대로 개입하는 매트의 확장된 개념을 제시했다. 내외부 공간의 체계로서 매스의 분절, 기능의 구분, 공간의 집합 방식을 제어하는, 새로운 시대 새로운 미술관의 모델을 제안했다.

집합 형태의 매트 체계가 역사적 장소에서 다양한 이벤트가 공존하는 복합 미술관의 핵심 개념이었다. 불확정적 프로그램의 질서를 번안하여 내외부 공간이 혼용된 체계로서 미술관의 새로운 건축 유형을 제안한 셈이다. 형태보다는 체계, 형태적이기보다는 연계적인 질서에 기반한 미술관을 목표했다. 분산된·복수의·불규칙적인·이질의·덜위계적인 매트 체계를 완성하였다.

반복과 집합의 내부공간 질서에 외부공간이 교대로 개입하는 미술관을 목표로 했다.

내외부 공간 혼용의 질서 체계로 불확정적인 다양한 전시가 가능하다.

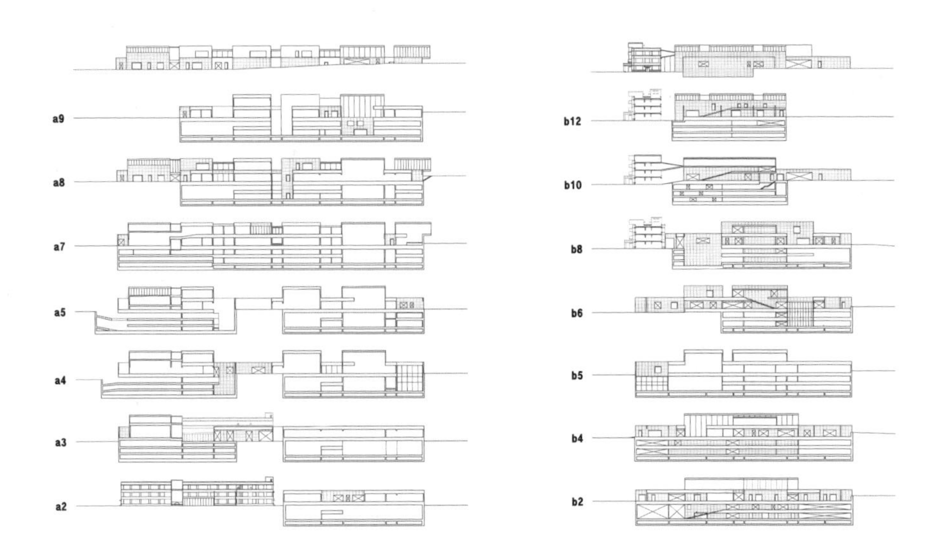

매스의 분절, 기능의 구분, 공간의 집합 방식으로 대응한 새로운 미술관

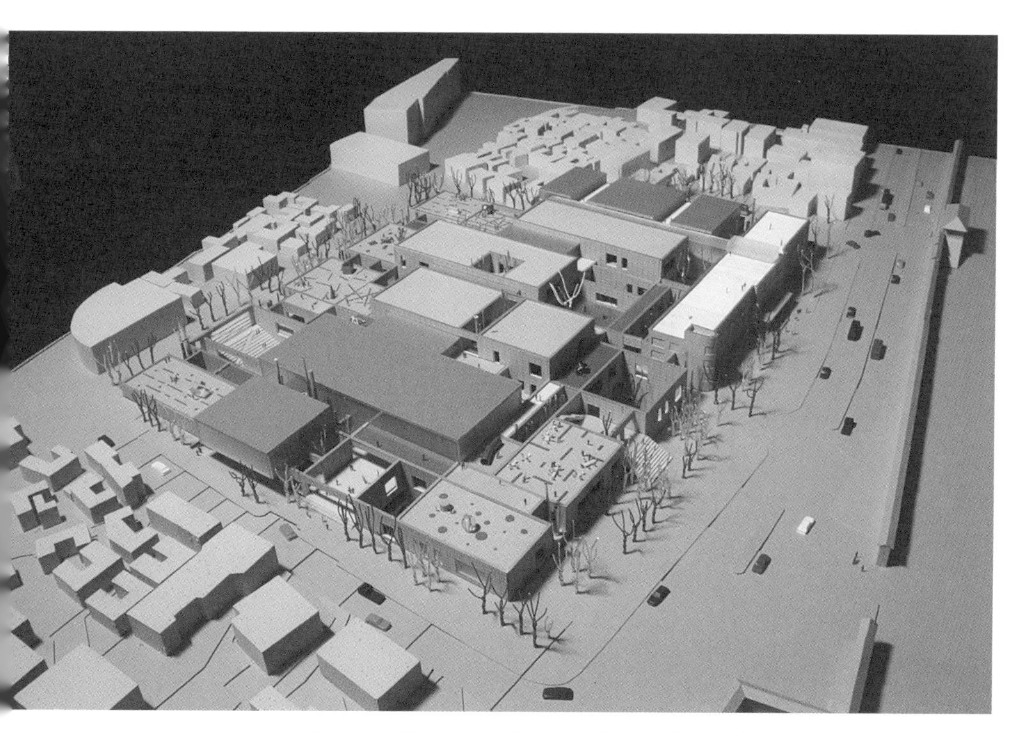

분산된, 복수의, 불규칙적인, 이질의, 덜 위계적인 매트 체계를 제안했다.

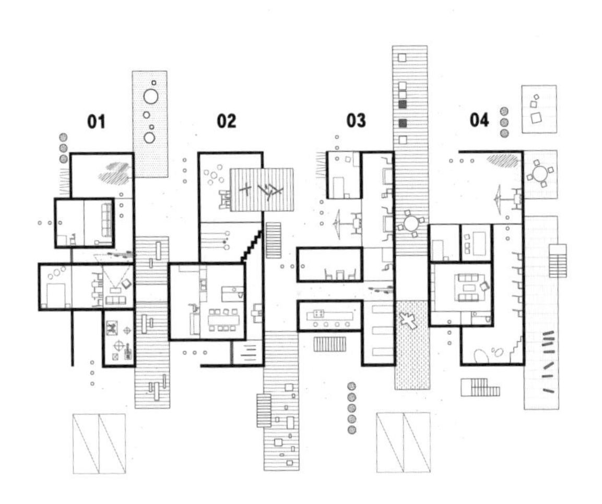
01
02
03
04

건축가 없는 건축
Architecture without Architects

한샘기행이라는 답사 모임이 있었다. 지금은 주인이 바뀌었지만 한샘의 조창걸 대표 후원으로 전통건축을 답사하는 모임이었다. 1990년대 당시 젊은 건축가들이 한 대의 버스에 타고 주요 전통건축을 답사하면서, 1박 2일 동안 건축계 전반의 문제를 토론하고 미래의 희망을 다지는 자리였다. 세월이 지나면서 더 젊은 세대에게도 기회가 주어졌다. 답사는 주로 이상해·김봉렬 교수가 진행하였다.

더 이전, 1960년대와 70년대쯤 김수근 시절에는 우리네 전통건축을 찾아보는 일이 무척이나 힘들었던가 보다. 차량도 교통편도 묵을 곳도 변변치 않아 고생했던 후일담이 《공간》에 남아있다. 1980년대 초부터 전통건축에 대한 관심이 급증했고, 《공간》에서도 전통건축의 안내서를 만들면 좋겠다는 논의가 시작되었다.

여러 전문가를 찾아다녔다. 준비 기간을 거쳐 당시 20대 후반이었던 김봉렬 교수의 연재가 시작되었다. 그것이 나중에 책으로 묶여서 《한국의 건축: 전통건축편》이라는 가이드북으로 출간되었다. 전통건축의 자료뿐 아니라 사회 전반적으로 축적된 시스템이 부족한 시기였다. 알음알음 의욕에 공감하는 사람들의 도움으로, 도면을 그리고 사진을 모아(임정의의 사진을 많이 사용했다) 그나마 꼭 가볼 만한 전통건축의 길라잡이로서 편집되었다. 당시 공간 사무소 제6소 장세양 소장은 출판에 필요한 개인 돈까지 보태주었다.

김봉렬 교수는 대학교 시절 조교로 만났는데, 연재할 당시 울산

김봉렬,
《한국의 건축: 전통건축편》 표지, 1985

대학교에 갓 부임한 젊은 교수였다. 리플릿으로 흩어져 있던 전통건축 단편 자료에 쓰여있는 이름으로 그를 기억하고 있었다. 안내서 집필을 요청했던 사람들 대부분 난색을 표했다. 유형별 지역별로 산재해 있는 방대한 대상에서 의미 있는 건축을 선정하고 짧은 글이나마 소개하는 작업은 쉽지 않은 일이었다. 김봉렬 교수, 단 한 사람이 적임자였다.

거의 2년여 시간이 걸렸다. 김수근 선생님이 돌아가시기 전 병원에서 표지를 선택했을 만큼 많은 관심을 받으며 책이 출간되었다. 작업의 시작부터 마무리까지 시간은 전통건축을 공부하는 좋은 수업이었다. 자료와 원고를 정리하면서 전통건축의 이해를 높일 수 있었다. 김봉렬 교수의 축적된 지식을 바로 옆에서 배우는 시간이었다.

원고와 사진에서는 가까웠지만 실제로 답사한 전통건축은 손꼽을 정도였다. 그러다 한샘기행을 계기로 본격적인 실체를 마주하였다. 더군다나 선배 건축가들의 의견이 첨가되는 아주 드문 자리였다. 그간 오브제의 대상으로서만 파헤치던 전통건축을 다양한 시각으로 바꾸는 현장을 함께한 여행이었다. 건축 공부가 책이나 강의를 통해서 홀로 성장하는 과정이 아니라는 사실을 깨달았다. 여행은 중요한 수단이었고, 여러 사람이 같이하는 여행은 더더군다나 의미가 남달랐다.

현대건축 여행을 본격적으로 시작한 장소는 일본이었다. 부족한 우리네 자료를 보충하기 위해 일본어를 배워야 하는 시기였기에, 말은 더듬어도 읽을 수는 있었다. 1990년대 초반에 여러 차례 집중적으로 답사했다. 일본에는 많은 건축가의 다양한 작업이 오랜 시간 역사적으로 축적되어 있었다. 우리의 여건과 비교하면서 온 도시를 찾아 헤맸다. 밤 버스를 타고 기차를 타고 북쪽에서 남쪽까지 주로 1960년대 이후 그들의 발자취를 살펴보았다.

겐조 단게(Kenzo Tange)를 위시한 메타볼리즘의 작업, 리켄 야마모토(Riken Yamamoto)를 비롯한 이후 세대의 또 다른 작업, 세이치 시라이(Seiichi Shirai)와 같은 특이한 건축가의 작업, 다다오 안도(Tadao Ando)처럼 대세를 이어나가는 새로운 작업, 데이비드 치퍼필드(David Chipperfield) 등 가끔씩 끼어있는 외국건축가의 작업까지 끝도 한도 없었다. 우리의 역사에 부족했던 건축적 선례를 일본을 통해 간접적으로 경험하는 어쩔 수 없는 선택이라 생각했다. 우리의 현실에 대입해보고 번안해보는 노력이 쉽지는 않았다.

일본 사회는 호황의 시절이었다. 여행의 목표가 건축답사였지만 건축만 보는 것은 당연히 아니었다. 앞선 문화가 있었고, 발전된 인프라가 있었으며, 여유 있는 사람들이 있었다. 같은 길을 걸어서는 이들과 경쟁하기 힘들겠다는 자괴감마저 들었다. 학교 교육, 제도, 설계사무소의 여건, 공사 방법까지 어쨌든 건축을 둘러싸는 시야를 넓힌 시

이탈리아 로마, 포룸 로마눔

간이었다. 그리고 이후 20여 년 일본을 잊고 살았다. 한참 후에 일본 답사를 다시 가보니 같은 마음가짐은 아니었다.

사실 난생처음 해외여행을 끊은 도시는 로마였다. 건축사에서 가장 많이 언급되는 도시이다. 공간 사무소에서 작업하던 통신시설을 답사한다는 핑계였지만, 1988년 이후 시작된 해외여행 자유화의 첫 번째 기회인데 통신시설만 볼 수 있겠는가. 앵커리지를 거쳐 오랜 시간 비행 끝에 로마에 닿았고 유럽 여러 도시를 거쳐 미국까지 찍고 왔다.

포룸 로마눔의 폐허에서 답사를 시작했다. 판테온의 전면 기둥은 나누어진 조각이 아니라 하나의 통돌이었다. 바티칸을 비롯한 여러 성당, 라보나 광장, 콜로세움 등 첫 번째 로마는 건축화보로서 아직도 기억이 생생하다. 연이어 방문했던 유럽의 다른 도시들, 미국의 뉴욕, 엘에이 등도 마찬가지이다. 그러나 책에서 보던 장소에 왔다는 사실, 생소하고 찰나적이고 단순하고 단편적인 느낌뿐이었다.

첫 번째 건축여행은 뭘 봐야 하는지 뭘 보고 싶은지 잘 몰랐다. 더군다나 통신시설을 반드시 봐야 했기에 일정에 쫓기면서 그냥 부지런히 돌아다녔다. 파리는 깨끗하지 않았고, 슈퍼마켓에는 치약의 종류가 너무 많았다. 엠파이어 스테이트 빌딩 전망대의 바람, 엘에이 밤거리의 노숙자와 강도 등 번외편 기억들이 건축보다 앞서 있다. 그런 경험이 건축을 오롯이 살펴보려는 준비된 일본 여행으로 이끌었다.

일본 다음 건축 답사의 행선지는 당연히 유럽이었다. 보고 싶은 건축 대부분이 거기에 있었다. 근대건축 이전의 작품은 너무 방대해서 엄두가 나지 않았고 사실 관심도 크지 않았다. 동시대로 느낄 만한 역사적인 건축을 선별하여 계획을 세웠다. 모더니즘·거장·현대건축의 역사에 등장하는 건축을 중심으로 도시와 권역을 정하고, 권역 안에 있는 고전건축을 틈틈이 찍으면서 1990년대 중후반까지 혼자서 몇 차례 답사를 다녔다.

대개는 배낭을 메고 호스텔에 묵으면서 대중교통을 이용한 여행이었다. 특정 건축을 보는 일정으로 대단히 비효율적이었다. 르코르뷔지에의 롱샹상당을 보기 위해서 아침에 기차를 타고 갔다가 저녁에 돌아오는 기차를 기다리느라 한적한 시골 역에서 하루 종일을 보낼 수밖에 없었다. 문화시설은 주로 월요일에 휴무여서 내부는 들어가지도 못하고 외곽을 돌면서 아쉬움을 달랬다. 다음날까지 기다릴 일정이 아니었다. 시간이 지난 후에 다시 같은 장소를 방문할 수 있었지만, 처음과 같은 감동은 당연히 없었다.

사무소에서 주로 디테일 처리를 고심하던 시기였기에 거장의 작업을 답사하더라도 이상한 구석에 꽂혀서 머물렀다. 르코르뷔지에의 작품에서 빗물과 난방을 처리하는 방식, 미스의 작업에서 코너와 옥상 면을 처리하는 방식이 먼저 눈에 들어왔다. 개념이나 의미 따위를 생각할 지식이나 능력이나 경험은 한참 모자라던 시기였다.

그러면서 차츰 건축여행은 복기하는 경험이라는 인식이 생겼다. 당장은 모르고 디테일만 보다 왔더라도 세월이 흐르면서 머리와 눈에 새겨진 건축에 계속 정보가 쌓여 또 다른 건축으로 진화한다는 느낌이었다. 더 이상 책에 있는 사진이나 건축사에 기록된 의미가 아니고, 장면이 엮이고 기록이 분류되어 나만의 저장된 자료로서 축적되고 있었다. 개념과 재료, 공간의 치수까지 세밀하게 기억하는 김종성 교수님의 지식은 아마도 답사로 얻어지는 프로세스가 농축된 결과였다고 짐작했다.

개인 사무실을 차린 이후 건축 여행은 더 이상 혼자 하는 여정이 아니었다. 원해서라기보다는 그런 흐름으로 바뀌었다. 동료 건축가 혹은 건축주와 함께하는 여행이 많아졌다. 기획자로서, 전시를 핑계로, 강의를 빌미로, 주변 건축가들과 의견을 나누는 답사로 변했다. 같은 장소와 건축을 다시 방문하는 기회도 많았다. 같은 건축을 반복적으로 답사하면서 대상을 이해하는 정보가 계속 누적되었고, 어떤 건축은 완전히 새로운 대상으로 탈바꿈했다.

파주출판도시에 참여하면서 구성원들과 총 다섯 차례에 걸쳐 여행을 함께했다. 건축 중심의 여행을 위해 오랜 시간 공을 들여 가이드북도 준비했다. 신도시나 집합 건축 등 파주출판도시 유형을 공유하는 일정이 중심이었지만, 근현대 건축사의 주요 건축도 파주출판도시의 역할과 의미를 다지는 대상으로서 포함했다. 가벼운 흥미를 위해 이름난 장소도 추가했다. 버스에서 돌아가면서 진행한 건축 강의는 선배 건축가들의 관점을 배우는 시간이었다. 참여했던 출판사 대표들의 관심을 끌어 여행에서 돌아온 이후 도시와 건축 관련 도서가 대량으

파주출판도시 여행,
핀란드 시벨리우스 공원, 2000

로 출간되기 시작했다.

신부님들을 안내하는 건축 여행도 몇 번 진행했다. 천주교 서울대교구는 신부님들의 연수 프로그램에 교회건축의 발전을 위해 건축교육을 추가했고, 강의의 일환으로 교회건축의 답사를 기획하였다. 1965년 제2차 바티칸 공의회 이후 교회건축은 근본적인 변화를 맞이했다. 성직자가 아니면서 성직자 그룹의 여행에 적응하기 어려웠지만, 공의회 이후 새로워진 교회건축을 찾아다니면서 건축을 바라보는 또 다른 시각을 배웠다. 대부분의 교회건축은 건축가만의 작업이 아니었다. 그렇다고 현대의 교회건축이 건축사의 흐름에서 크게 비켜서 있지도 않았다.

외국에서 건축 전시를 기획하면서 해당 도시를 방문하는 기회도 여러 차례 얻었다. 전시를 계기로, 설계하고 설치하고 철수하기까지 최소 세 번 이상 같은 도시를 짧은 기간 내 방문하는 경험이었다. 베를린·런던·로마·밀라노·베네치아·피렌체·마리보르·밀라초·그라츠·인스브루크·마드리드·바르셀로나 등 대도시부터 작은 도시까지 여러 차례의 여정이었다. 해당 도시 건축가의 안내로 건축과 도시의 깊숙한 정보를 듣는 자리로 이어졌다. 시간이 지나면서 건축보다 도시적 체계로 관심이 옮겨갔다.

프로젝트 기회를 빌미로 답사 여행도 여러 번 있었다. 하노이·프놈펜·베이징·선전·발렌시아·시칠리아 등 이런 여행은 막연함을 넘어 구체적으로 도시를 발견하는 즐거움을 주었다. 그곳에서 작업을 한다는 가정은 세부적인 정보를 다루는 일이었다. 일에 치여 대단한 일정을 잡기 어려웠지만, 겉으로 훑는 관점을 넘어서는 깊은 후기를 남겼다. 우리보다 경제 발전이 늦은 국가를 여행하는 새로운 경험에도 눈을 떴다.

강의를 위해서 혹은 현상설계 심사위원으로 여행하는 일정도 자주 있었다. 대부분 익숙한 대도시를 방문하는 여행이었지만 이란과 아프가니스탄은 아주 드문 자리였다. 위험하다고 여러 사람이 말렸으나 미지로 향한 호기심은 어쩔 수 없었다. 이란은 밖에서 듣는 것보다 안전하고 풍요로운 나라였고, 아프가니스탄은 훨씬 복잡하고 미묘한 나라였다. 거기에도 당연히 건축가들이 있었다. 현실은 열악했지만 인터넷 덕분에 그들과 동시대의 고민을 나눌 수 있었다. 건축의 작업과 현실의 관계를 당면 과제로 인식하는 시간이었다.

자료를 훑다보니 셀 수 없을 만큼 많은 도시와 건축을 답사했다. 요즘은 발을 내딛기 힘든 나라와 장소마저 실감나는 유튜브 여행이 가능한 시대이다. 처음에 몇몇 중요한 건축을 답사할 때는 건축의 세부적인 내용을 기억에 쌓는 시간이었지만, 횟수가 늘어갈수록 건축의 좌표 혹은 방향 등 개념적인 분류를 더하는 시간으로 바뀌었다. 도시 역시

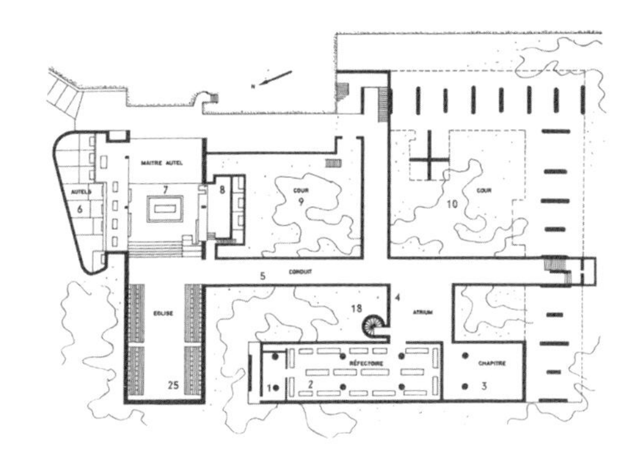

르코르뷔지에,
라투레트 수도원, 1960

마찬가지였다. 그러면서 감동을 주는 대상도 특이한 상황에서 도출된 구성 혹은 구조적 체계로 옮겨갔다.

건축 자체로 마음이 움직여 여러 차례 다시 가본 곳도 있다. 카스텔베키오 박물관(카를로 스카르파, 1957), 라투레트 수도원(르코르뷔지에, 1960), 베를린 필하모니홀(한스 샤로운, 1963), 레카 수영장(알바루 시자, 1966) 등이었다. 오래 전 책에서 보고 흠모하던 작품들이었다. 답사했던 건축 대다수 나름의 의미를 새겼으나, 이들은 지식을 넘어서는 감동의 공간이었다.

특히 라투레트 수도원에 처음 갔을 때 느낀 놀라움은 오랫동안 가슴에 남았다. 논문도 쓰고 책을 통해 익숙한 대상이었지만, 거장이 던지는 손짓에서 상상을 넘어서는 감동의 공간이 몸으로 다가왔다. 두세 차례 이어진 방문에서는 하룻밤을 묵을 수 있어서 더욱 구석구석 살필 수 있었다. 깨끗한 세련보다 진중한 근원과 참신한 조율이 주는 울림이 있었다. 건축이 개념에 앞서 무언가를 만드는 작업이라는 기본 마음가짐을 일깨워주었다.

여러 건축가가 함께 작업하는 혹은 그런 조율의 집합 건축에도 여러 번 방문했다. 근대 건축가들이 함께 만든 바이센호프 주거단지(Weissenhofsiedlung), 통독 이후 베를린에서 진행된 IBA 프로젝트를 유심히 살펴보았다. 런던의 바비칸 센터도 여러 번 방문했다. 혼돈의 구조로 비판을 받고 있었지만, 반복이 아닌 성장의 관점에서 복합과 집합의 사례로 살펴보기 좋은 작업이었다. 여러 건축가의 역할을 묶은 작업들을 방문하면서 혼자서 한번에 정리해버리는 대형의 건축과는 다른 논리가 필요하다는 과제를 마음에 품었다.

서울의 세운상가도 다른 의미의 집합 건축으로 다가왔다. 《공간》에 있을 때, 세운상가의 작업에 김수근 설계라는 캡션을 달았다가 선생님이 무지 화를 내던 장면도 떠올랐다. 자신이 혼자한 작업이 아니라는 이유였다. 당신에겐 자랑스럽지 않은 작업이었구나 생각했다. 당연히 일본의 영향이 깊이 번안되지 못했을 터이고, 아직은 성숙되지 못한 시대적 한계 때문에 지금의 결과로 남았을 것이다. 여러 건축가의 협업도 단지 효율성 관점만 남았다. 그러나 그 시대 많은 도시에서 시도한 비슷한 작업 중에서, 어쨌든 결과로 남은 몇 안 되는 프로젝트였다. 바비칸 못지않게 검토해볼 가치가 충분한 프로젝트라는 생각으로 바뀌었다.

발렌시아 역시 프로젝트 때문에 여러 번 방문한 도시였다. 산티아고 칼라트라바(Santiago Calatrava) 건축의 도시로 자리매김하는 전략, 그것이 불러온 정치적 스캔들로 유명해진 곳이다. 칼라트라바는 특별한 전략으로 건축별로 변화를 주었지만, 그것이 엮이지 못한 채 나열된 군집의 한계는 명확했다. 발렌시아에서는 칼라트라바 프로젝트들의 이전 단계, 원래 도시 내부로 흐르던 작은 강을 우회시키고 강

버나드 루도프스키,
《건축가 없는 건축》, 1964

의 영역을 녹지의 띠로 조성한 과감한 시도에 더 눈길이 갔다. 도시설계와 단지계획, 조경과 건축적 사고를 아우르는 발상이었다. 조율된 전략으로서 도시와 건축을 연계하는 과제를 되새겼다.

우연히 발견한 두 권의 책이 한동안 여행의 목표를 완전히 뒤집어 놓았다. 버나드 루도프스키(Bernard Rudofsky)의 《건축가 없는 건축(Architecture without Architects)》(1964)과 마이런 골드핑거(Myron Goldfinger)의 《태양이 가득한 마을(Villages in the Sun)》(1969)이었다. 오래전에 보고 스쳐 지나간 책이었는데, 관심이 달라진 후에 두 권의 책은 가장 중요한 가이드북이 되었다. 마을이 여행의 목적지가 되었고, 그에 상응해 건축 유형과 도시 체계가 개념의 원천으로서 새로워졌다.

《건축가 없는 건축》은 뉴욕 모마(MoMA)에서 진행된 사진 전시회(1964. 11 ~ 1965. 2)의 도록이다. 마을뿐 아니라 선사시대 이후 여러 지역에서 발전된 풍토건축(Vernacular Architecture)이라 명명한 다양한

마이런 골드핑거,
《태양이 가득한 마을》, 1969

사례가 정리되어 있다. 근대건축의 역사와 발전이 비판받는 시점에 등장한 전시회와 책의 반향은 생각보다 컸다. 거기에 기록된 중국과 이탈리아, 그리스, 북아프리카 지역 마을의 이미지가 특히 주목받았다.

이 책에 자극받아 직접 지중해 마을을 답사하고 결과를 다듬은 책이 《태양이 가득한 마을》이다. 답사한 마을의 성격을 분류했고, 그 시대 건축가들이 마을의 건축에서 받은 영향을 정리했다. 르코르뷔지에, 아틀리에 5(르코르뷔지에의 제자들), 폴 루돌프(Paul Rudolph), 루이스 칸(Louis Kahn), 모셰 사프디(Moshe Safdie) 등의 작업을 분석했다. 매트 빌딩 개념의 한 축도 거기에 있다. 저자가 방문한 그리스·이탈리아·스페인·모로코·튀니지의 마을을 자세히 안내하는 책이기도 했다.

풍토건축에 대한 관심은 아니었다. 그보다는 집과 집이 만들어내는 구조, 집합 형태를 이루는 체계에 관한 관심이었다. 상대적 고밀도의 구조였고, 단순한 유형의 반복이 아니었다. 바닷가 경사지 꼭대기에 자리한(해적 때문이라고) 마을, 혹독한 기후의 평지에 위치하는 마을이 서로 다르면서도 유사한 구조로 느껴졌다.

대학 시절, 봉천동 달동네를 기록하는 작업에 참여했던 기억도 떠올랐다. 아마 책의 영향이었겠거니 뒤늦게 짐작했다. 서울의 산지에서 번성하던 달동네 안에도 건축가 능력으로 미치기 어려운 다양한 상상력이 응축되어 있었다. 다만 그때는 그것을 보고도 머릿속에 정리할 능력이 한참 모자란 시기였다. 이제 달동네는 거의 다 사라졌고, 의미를 놓친 채 누구도 주목하지 않는 제한적인 기록으로 남은 아쉬운 기억이었다.

그리스 섬, 이탈리아와 스페인 해변, 책이 이끄는 대로 여러 마을을 답사했다. 미코노스·산토리니·알베로벨로·포시타노·미하스·론다, 잠시 스쳐 지나간 이름도 기억나지 않는 무수한 마을 그리고 마라케시와 페스, 이란의 반다아바스까지. 무턱대고 마을과 도시의 공간과 구조를 체득하고자 답사했다. 사람 사는 기본 단위공간이 변형되고 성장하는 하이브리드를 특히 주목했다.

마을 구조와 체계는 매트 형식 집합 형태의 원전으로 머릿속에 기록했으나, 마을에는 그것 외에도 눈여겨볼 만한 건축적 실마리들로 가득했다. 《건축가 없는 건축》에서 '유닛 건축(Unit Architecture)'이라 정리했고, 《태양이 가득한 마을》에서는 '거주의 유닛(Habitation Units)'이라 이름한 단위공간을 변형시키는 사례도 그중 하나였다. 불규칙성과 균형의 범주 내에서, 다양하게 조율되는 유닛 베이스 집합 형태의 개념을 염두에 두고 몇 가지 작업을 진행하였다.

서광사, 파주출판도시, 2001

파주출판도시에서 거의 처음으로 작업한 개별 프로젝트였다. '도시의 섬' 건축지침으로서 좁고 긴 규모가 볼륨으로 주어졌다. 대부분의 출판사가 그랬듯, 파주로 이사를 계획하면서 건축주 입장에서는 그간 쓰던 면적보다 훨씬 넓은 여분의 면적에 대응하기 어려웠다. 규모 확장의 경제적인 논리가 필요했다.

프로그램의 종류를 대략 네 가지 정도로 구분했다. 원래 쓰던 기본 기능, 이사하면서 필요한 확장 기능, 미래를 위한 잉여 기능, 그리고 연결 수단으로 수직코어 기능을 더하면, 좁고 긴 볼륨이 4가지 기능의 수직 영역으로 구분되는 집합 형태의 골격이었다. 자연스럽게 '유닛 건축'이라는 지중해 마을의 경험을 연결하였다.

파주출판도시가 단순히 일하는 장소만이 아니라, 말 그대로 도시를 지향하기 위해서 먹고 놀고 쉬고 자는 프로그램을 보완하자는 공감이 있었다. 저층부에 전시와 상업의 성격을 부여하고 상부층에 주택 프로그램을 추가하면서, 네 가지 영역 간 프로그램의 연계를 모색했다. 그러면서 네 개의 볼륨 모듈이 정해졌다.

네 가지 영역을 독립 매스로서 외부에 표출하는 해법, 하나로 묶어 내부에서 나누는 해법, 두 가지 방향에서 고심했다. 불규칙과 균형을 처리하는 지중해 마을 사례에서, 하나의 볼륨으로 다루되 영역 간 변화를 주는 해법을 참조했다. 영역별 매스의 균형과 무관하게 하나의 불규칙한 입면 패턴으로 네 개의 매스를 감싸는 결론으로 완성했다.

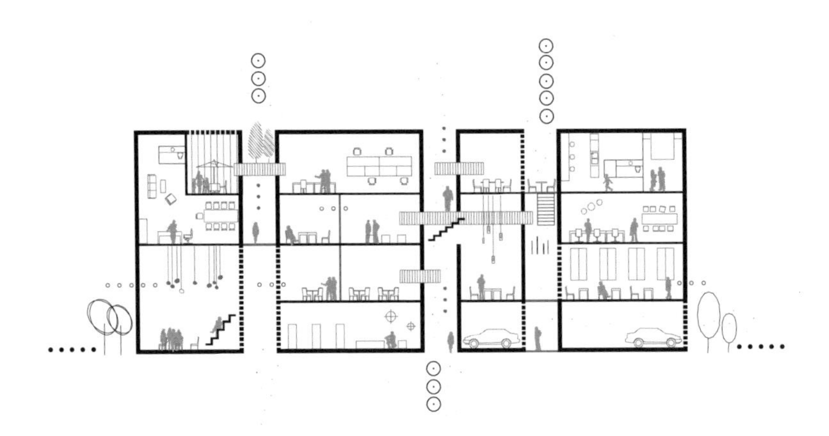

좁고 긴 볼륨을 네 가지 영역의 집합 형태 골격으로 나누었다.

불규칙과 균형이 공존하는 입면 패턴으로 외관은 단순하게 마무리하였다.

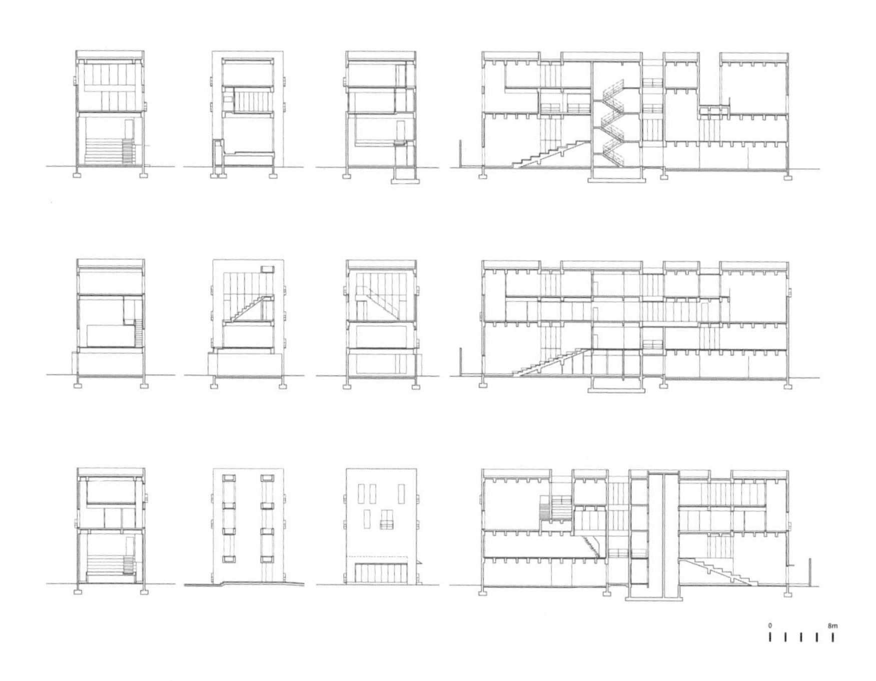

저층부에 상업 기능, 고층부에 주거 기능을 더해 프로그램 간 연계를 모색했다.

'유닛 건축'이라는 지중해 마을의 사례를 토대로 집합 형태를 제안했다.

자운재, 파주시 헤이리예술마을, 2002

자하재 설계를 마치고 옆집 설계 하나를 더 진행했다. 자하재와 비슷한 대지 면적이었으나 요구되는 규모는 거의 두 배였다. 두 개의 주택이고 각각은 부모님과 함께 사는 네 세대의 프로그램이었다. 자하재의 수평적 매트 개념을 이어가기 어려웠다.

자하재가 평면적이라면 자운재는 단면적 구성이면 어떨지 개념을 변형해 보았다. 외부공간과 내부공간의 상대적 변수는 자하재 개념 그대로 가져간다 해도, 수직적인 변형으로 밀도를 높이는 적층의 대응이 가능하다고 판단했다. 마침 서광사 설계를 마쳤기에 서광사 네 개의 매스 대신 네 개의 서로 다른 단면 구성의 집합 형태로서 개념을 이어갈 수 있었다. '유닛 건축'이되 평면이나 입면의 변화가 아니라 단면의 변화를 모색하는 집합 형태의 새로운 개념, 자운재 작업의 목표를 거기에 두었다.

두 개의 주택, 네 세대의 기본 프로그램을 단면적으로 변형하는 작업을 진행했다. 네 개의 세대 단위는 나름 요구되는 공간과 규모가 달랐기에, 둘씩 같이 써야 하는 연계성을 더해서 자연스럽게 네 개의 서로 다른 기본 단면을 구성했다. 선큰가든·테라스·옥상 등의 외부공간을 매개로 네 개의 단면이 엇물리면서 그들이 연달아 이어지는 체계를 조직했다.

배치도는 자하재와 유사한 체계를 지니도록 최종모듈을 조정했다. 경사지였기에 지하층을 적극적으로 활용했다. 네 개의 단면이 하나의 건축으로서 균형과 불규칙의 변수에 적절히 대응하도록 마감 재료의 변화는 자제했다. 유닛의 특성이 드러나면서 서로 간 연계로서 집합되는 '건축가 없는 건축'의 사례를 지향했다.

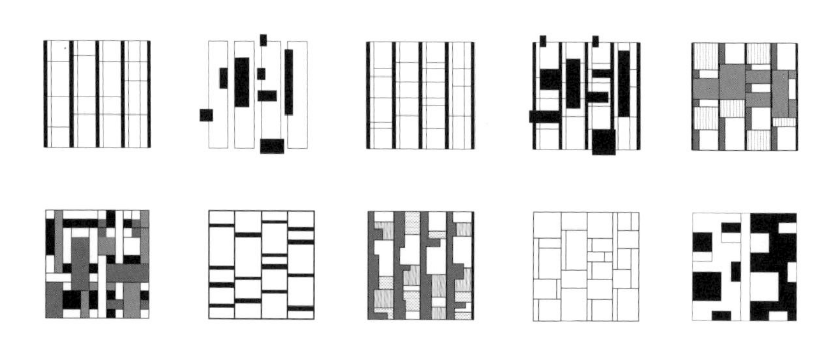

두 개의 주택, 네 세대가 서로 다른 단면으로 이어지는 구성을 상정했다.

외부공간과 내부공간의 상대적 변수는 자하재 개념을 이어갔다.

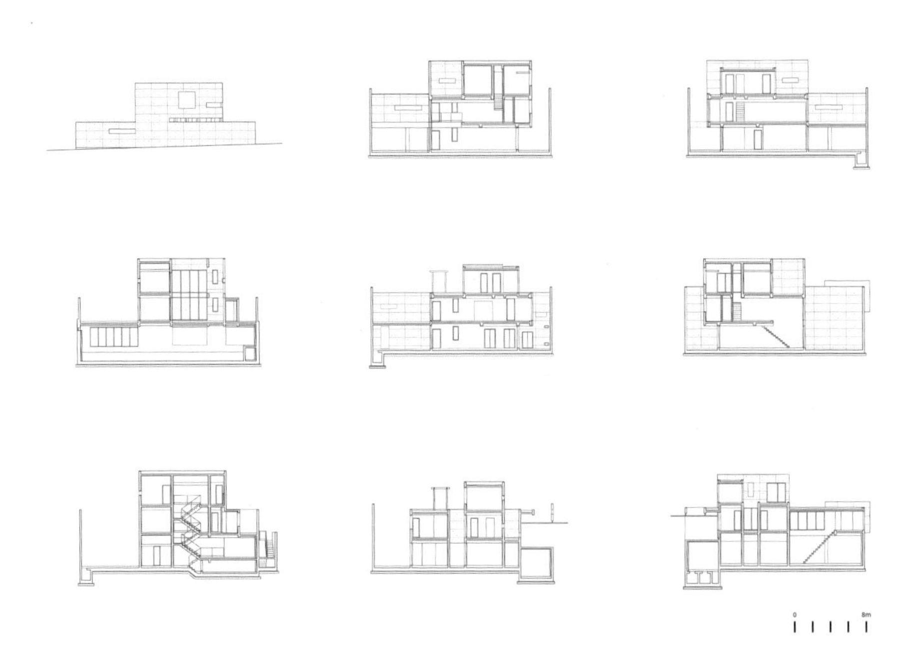

선큰가든, 테라스, 옥상정원 등 외부공간을 매개로 단면이 엇물리는 구성

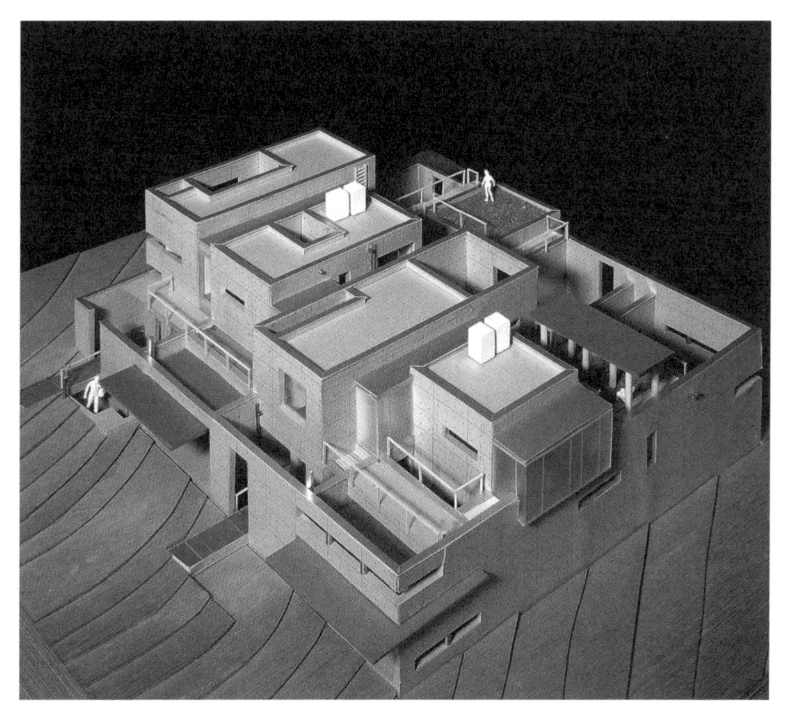

네 개의 단면이 하나의 건축으로서 균형과 불규칙의 변수에 적절히 대응한다.

아모레퍼시픽 연구소 본관, 계획, 2010

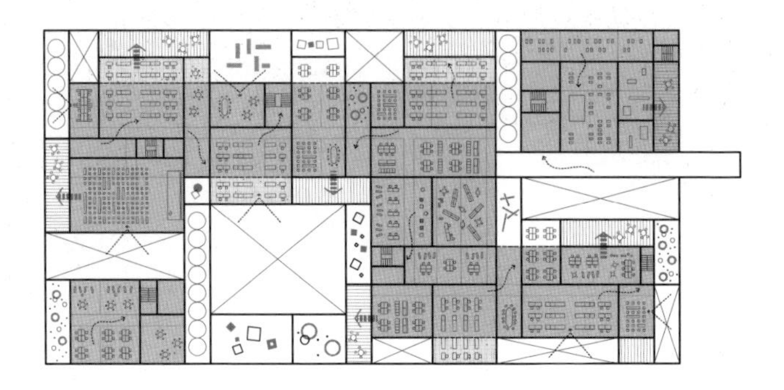

용인에는 오래된 아모레퍼시픽 연구소가 있다. 새로운 연구동이 지어지면서(알바루 시자 설계) 대부분의 기능이 이전되어 미래 용도의 개수와 증축이 필요한 시점이었다. 부수고 새로 지으면 간단하겠지만, 선대의 역사가 깃든 건축을 대체하는 결심에 망설임이 있었다. 그다지 건축적이지 않은 예전 건물을 획기적으로 바꾸기도 어려운 조건이었다.

기존 연구동은 증축을 거듭하면서 ㄷ자와 ㄴ자가 이어진 기다란 볼륨이었다. 각자 모듈도 달랐고 입면도 달랐다. 기존 건물을 보존하면서 이미지도 남기고 증축도 하고 그러면서 새로운 기능으로 바꿔야 하는 과제였다. 기존 건물을 포장하듯이 새로운 이미지를 내세우고, 내부에 원래 건물을 남겨서 전시하는 자세를 생각했다.

기존 건물을 분석해 가능한 모듈로 쪼개고 확장해 네 개의 건축으로 나누는 제안으로 발전시켰다. 이미 서광사, 자운재의 작은 건축에서 실험한 방법론을 기존 건축에 얹어 씌우는 전략이었다. 네 개의 새로운 매스와 단면의 집합 형태, 하나의 건축 속에 기존 건물의 외관이 살아있는 조정안이었다.

수평과 수직의 질서가 공존하는 기존 건물에 덧대어 네 가지 단면의 다양한 증축 공간과 다양한 외부공간을 구성했다. 네 개의 매스로 연구소의 프로그램을 분산시키면서 수평적인 연결을 보완했다. 네 개의 매스는 독자적인 단면의 특성을 지니면서 균형의 범주 안에서 불규칙의 변수로서 하나의 건축으로 통합되었다. 남겨진 기존 건물이 네 개의 수직적 매스를 관통하는 수평적 조직으로 작동해 훨씬 풍요로운 연계의 집합 형태로 완성되었다.

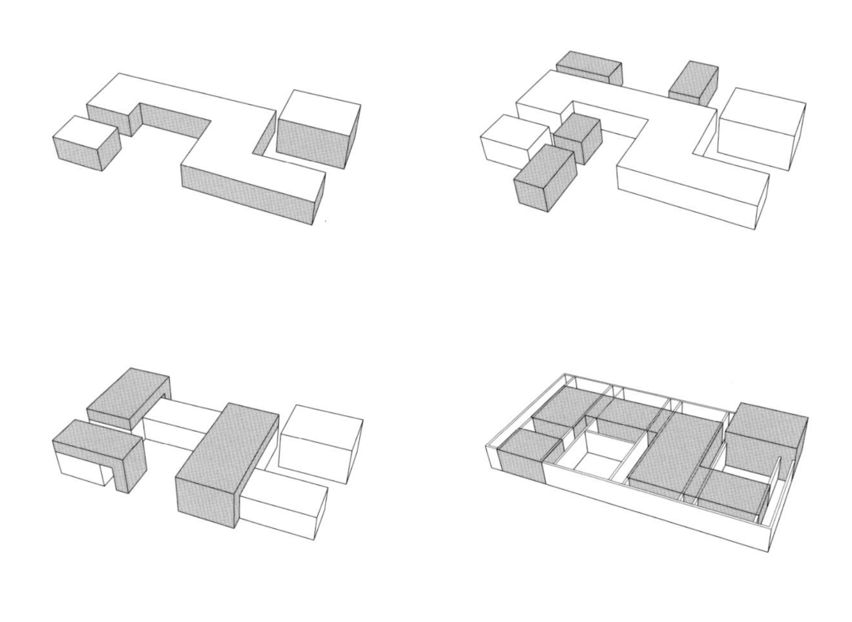

기존 건물을 포장하듯이 새로운 이미지로 감싸고 내부에 존치하는 자세

내외부 기능의 수평과 수직의 질서가 공존하는 구성을 제안했다.

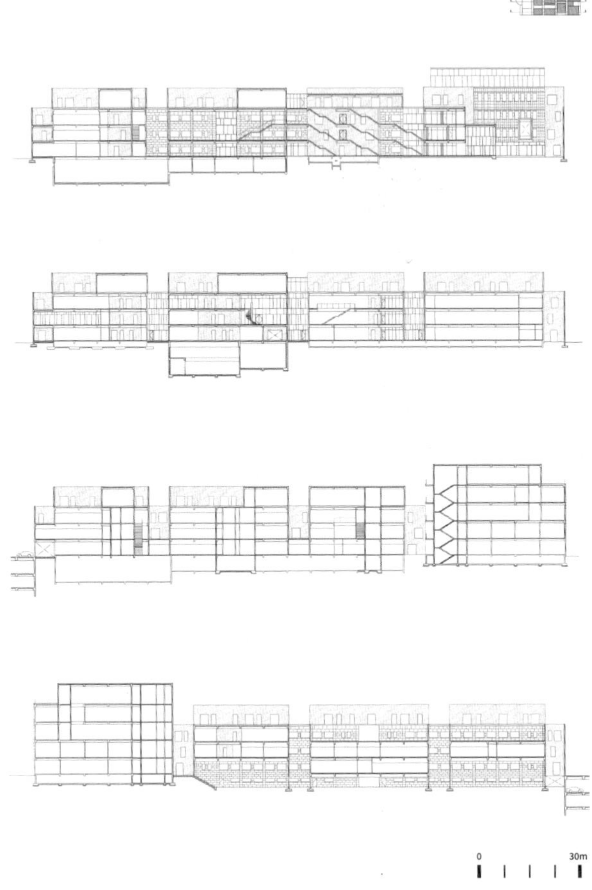

네 개의 매스는 독자적인 단면의 특성을 지니면서 하나의 건축으로 통합되었다.

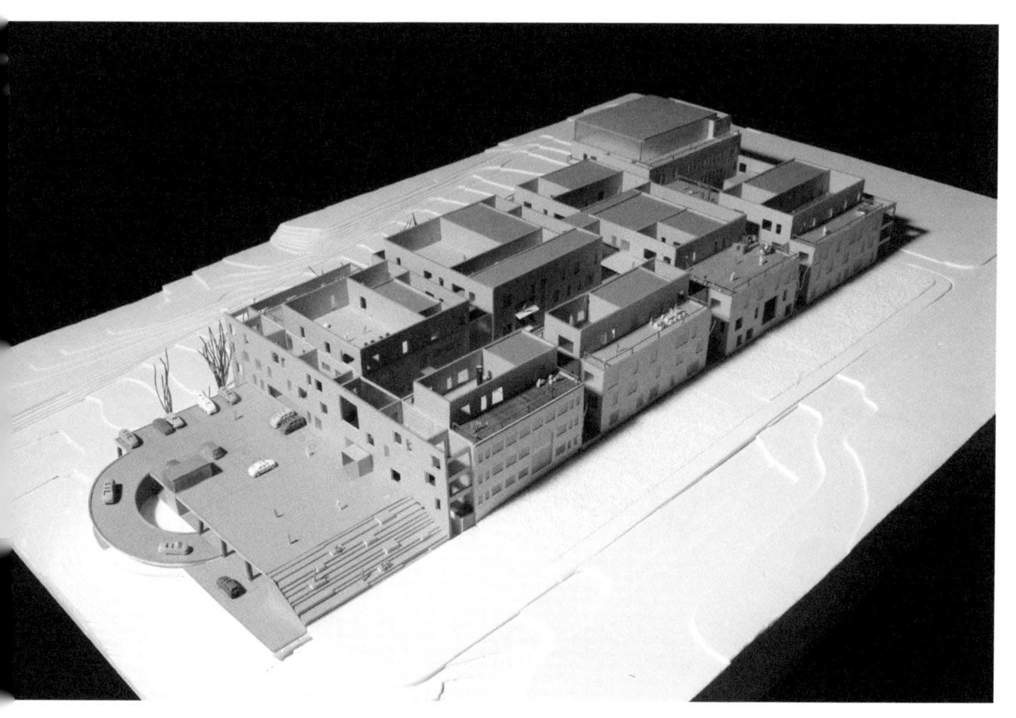

기존 건물은 네 개의 수직 매스를 관통하는 수평적 조직으로 정비되었다.

비개인적인 건축
Un-Private Architecture

정확한 통계는 아니지만, 건축가로서 설계하고 싶은 건물을 꼽아본다면 아마도 십중팔구 문화시설, 그중 미술관(혹은 박물관)을 얘기할 듯 싶다. 학교 다닐 때부터 수업 주제로도 여러 차례 다루어졌고, 건축적 사고를 가다듬기 전부터 뭔가 품격 있는 건축의 목표로서 마음에 자리잡았다. 건축사에 등장하는 공공건축으로서 유명한 미술관들도 어느 정도 영향을 주었다.

공간 시절 가까이서 느꼈지만, 부여부터 진주와 청주의 박물관, 다수의 엑스포 전시장까지 건축적 논쟁의 중심에는 항상 전시장이나 미술관·박물관 건축이 있었다. 모두들 언제일지 모를, 그런 프로젝트를 수행하는 특별한 건축가의 역할을 꿈꾸었다.

미술관이나 박물관 현상설계에 다른 기능의 건물보다 훨씬 많은 참가작이 모이는 것을 보면 다른 건축가들의 꿈도 비슷하다고 얘기할 수 있다. 심사위원으로 참여했던 아프가니스탄의 바미안 박물관 현상설계에는 무려 1,100여 개의 작품이 제출되었다. 탈레반이 파괴한 석불 근방에 들어서는, 유네스코가 주관한 자그마한 박물관 프로젝트였다. 일주일 동안의 심사였으나 참여작을 제대로 들여다본건지 기억나지 않을 만큼 많은 숫자에 치였던 현상설계였다. 건축가들의 특별한 프로그램에 편향된 애정을 확인하는 경험이었다.

그러고 보면 건축 여행에서 미술관은 빼놓을 수 없는 답사지였다. 어느 도시를 가더라도 유명한 건축가가 참여한 중요한 미술관과

미스 반데어로에,
베를린 국립 미술관, 1968

박물관 프로젝트는 늘 있었다. 로마·런던·파리·베를린·바르셀로나 등 여러 도시에서 다양한 프로젝트를 답사하였다. 작은 도시, 예컨대 콜럼버스(미국)·생폴드방스(프랑스)·히메지(일본)·라코루나(스페인) 등은 순전히 미술관 하나 때문에 방문했다. 완성을 목전에 두었던 빌바오 구겐하임에서는 마침 현장을 감리하던 건축가 프랭크 게리(Frank O. Ghery)를 마주치기도 했다.

로테르담에 체류할 때에는 당시 막 준공된 쿤스트할 미술관에 시간 될 때마다 가보았다. 그 시절 OMA 작업 중 몇 안 되는 준공작이었고, 마침 리움과 서울대 미술관과 뉴욕 모마의 증축 현상설계가 진행되고 있었기에, 생각을 정리하고자 자주 방문했다. 그전까지 보았던 미술관을 더듬어 미술관 건축 유형을 정리하는 시간을 가졌다. 미술관 건축이 미술의 사회적 의미에 따라 시대적으로 유형을 달리한다는 시각이 생겼다.

짐작건대 미술관은 과거 서양의 귀족들이 작품을 소장하는 방식에서 출발한 전시시설이다. 저택을 장식하던 여러 작품이 근대 이후 시민사회에 개방되었다. 따라서 초기에는 과거 귀족의 저택이나 왕궁을 미술관으로 전용했다. 이런 모델이 미술관의 시초를 만들었고, 다양한 전시 공간이 밀집된 시설로서 미술관 건축 유형으로 정착되었다.

저택이나 왕궁의 모델을 따르지 않은 미술관 건축 유형의 사례로 미스 반데어로에의 베를린 국립 미술관(1968)을 손꼽는다. 반복되는 미스의 흔한 건축 사례처럼 보이지만, 그리스 로마의 신전을 모델로 미술관의 새로운 건축 유형을 제안한 작품으로 평가된다. 주변 도시에서 한 단 올린 기단부를 거쳐, 유리로 마감된 텅 빈 거대한 홀에서 마음을 가다듬고, 지하로 내려가 마침내 미술 작품을 만나는 신전의 시퀀스이다. 이전 여느 미술관의 유형과 조금도 유사하지 않다. 미술 작품을 신성시해 마치 신전에서 신을 만나는 프로세스를 적용했는지 모를 일이나, 이후 속세와 분리되는 미술과 미술관의 역할로서 하나의 유형을 만들었다.

비슷한 시기 또 하나 새로운 미술관 건축 유형으로서 루이스 칸의 킴벨 미술관(1972)을 들 수 있다. 전시에 표준화된 공간을 반복하는 유형이다. 미술 작품을 신격화하지 않는 시대, 미술을 감상하는 최적화된 환경을 만들고, 그런 단위공간을 복제하여 무한히 확장할 수 있는 유형이다. 소장품이 늘어가는 미술관 확장의 변수에도 유리했고, 과거 왕궁이나 저택에서 반복되는 전시실의 공간적 시퀀스를 잇는 대안이었다. 1970년대 대다수 미술관의 기본 구조에서 찾을 수 있는 유형이다.

관람의 동선을 구조화했다고 얘기할 수 있는 건축 유형의 사례도 있다. 따지고 보면 미술관이나 박물관 등 전시장은 관람객이 들어

루이스 칸,
킴벨 미술관, 1972

가서 작품을 보고 나오는 기다란 동선이 기본 골격이다. 그것이 전시 공간의 반복이건 여타의 통로이건 중요한 관점은 관람객의 움직임과 관람객의 시각이다. 라이트(Frank Lloyd Wright)가 뉴욕 구겐하임(1959)에서 완만한 나선형의 램프를 전시장으로 제안한 이래, 한참의 세월이 지나 다니엘 리베스킨트(Daniel Libeskind)의 베를린 유대인 박물관(1989) 등, 이제는 동선을 매개로 좁고 기다란 공간적 유추로서 미술관 건축 유형이 정착되고 있다.

미술관을 답사하면 단지 건물만 보려 해도 내부 전시를 피해 갈 수는 없다. 미술관 건축을 보러 갔다가 점차 일반적인 미술관의 소장품 혹은 특정 아티스트의 전시를 찬찬히 살펴보는 시간을 더했다. 의지와 상관없이 특정 주제의 관심 가는 기획 전시도 어쩌다 시간이 맞을 때가 있었다.

전시설계라는 것도 대부분 관람객과 작품이 마주치는 시퀀스를 벗어나지 않았으나 참으로 다양한 대안을 모색하고 있었다. 전시 행위는 차츰 아트 영역을 벗어나 인간 사회 모든 활동을 정리하는 영역까지 확대되고 있었다. 미디어도 무척이나 달라지고 있었다. 미술관이 무엇을 대상으로 하는지, 어디에 포커스를 맞추어야 하는지, 새로운 도전이 다가오고 있음을 느꼈다.

전시 기획자의 글을 살펴보면 미술관의 건축가에 대한 불만이 내포되는 일도 종종 있다. 그들이 중성적인 화이트 큐브의 공간만을 바라는 기대까지는 아니더라도, 복제의 유형이나 동선의 건축 유형 미술관이 전시를 기획하는 입장에서 그다지 바람직하지 않다는 시각은 느낄 수 있다. 다음의 미술관 건축 유형은 어디쯤일까 생각해보면서, 가끔은 찾아간 미술관에서 건축을 주제로 기획한 전시를 만나는 기회도 맞이했다.

건축 전시가 건축가 삶에서 떼어낼 수 없는 작업의 일환이라는 인식은 건축수업 시기에 생겼다. 학교 설계 수업이 끝나면 당연히 전시로 마무리했고, 졸업 전시를 끝내야 학교 과정을 마감하는 절차도 당연했다. 건축대전과 같은 외부 경연의 전시도 많았다. 그저 면면히 커리큘럼으로 이어오는 반복되는 절차 그 정도의 의미에 머물렀다.

설계 내용을 설명하고, 도면을 그리고, 투시도를 그리고, 패널을 만들고, 모델을 만들고, 그 범주 안에서 남보다 돋보이는 자세로 전시를 대했다. 모델을 크게 자세히 만들고, 투시도를 다른 시각에서 독특하게 그리고, 설계 설명의 묘사를 정교하게 정리했다. 하지만 이런 행위는 건축 설계를 설명하는 종속변수로서 전시 이상도 이하도 아니었다. 그런 개인이 모인 전시장과 전시회의 이해였다.

공간에 근무하던 시기, 사옥에는 작은 전시장이 있었다. 미술 전시 중심의 장소였지만 틈틈이 건축 전시도 병행했다. 그때 건축 전시 기획이라는 생소한 분야를 처음으로 접했다. 건축가 패널 전시나 건축 수상작 모음 전시에도 전시설계라는 새로운 관점이 필요했다. 나중에 과천 현대미술관에서 진행된 김수근 5주기 전시회에 참여하면서 처음으로 그전보다 진전된 건축 전시의 지평을 경험했다.

2002년에는 제4회 광주 비엔날레 전시설계를 담당하였다. 성완경·정기용·후한루 감독 아래, 중국의 창융허와 공동으로 메인홀의 전시설계를 진행하는 역할이었다. 멈춤, 이산의 땅, 집행유예, 접속 네 개의 주제로 전시가 기획되었다. 외부 전시는 다른 분이 맡고, 비엔날레 전시장 내부에 100여 명 초청 작가의 작품을 구성하는 작업이었다.

600평짜리 네 개의 전시실이 주어졌다. 작가들의 작품과 지난한 요구사항을 종합하면서 몇 개월을 지냈다. 작품 규모도 각기 다르고 표현 미디어마저 제각각이었다. 관람객과 작품이 대면하는 흐름을 조정했다. 중간중간 휴게공간, 내부 통로, 조명, 안내 사인도 필요했다. 전시설계였지만 차츰 자연스럽게 도시적 구상과 맞닿은 작업으로 이행했다.

100여 개의 개인 작업 각각은 실지로 하나의 전시 유닛, 하나의 작은 건물이었다. 적층을 요구하는 작가도 있었다. 네 개의 전시장에 네 개의 도시, 네 개의 동네를 만드는 구상으로 전시의 골격을 제시했다. 단위 유닛을 집합하는 방식에 따라 4개 전시장의 체계를 달리했고, 파빌리온과 폴리 등의 작은 건물을 유추해 백여 개 전시물을 디자인했다. 개별 작가들과 공동 작업이었다.

광주 비엔날레의 전시설계는 건축과 도시의 연장선이었다. 건축과 도시의 작업을 구분 짓는 형태·질서·완성·미완·설계·지침 등 모든 관점을 그대로 적용했다. 전시장·미술관과 전시설계의 상관관계를 좀

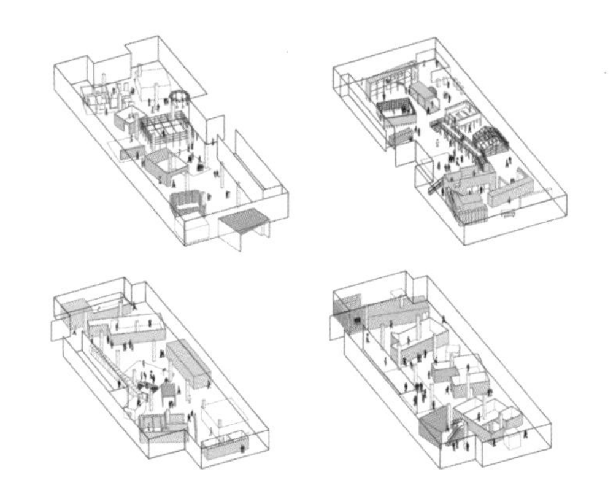

제4회 광주비엔날레 전시설계, 2002

더 이해하게 되었다. 작품을 설명하는 단순한 발표의 장, 그것의 연장선에서 더 이상 전시를 바라보지 않는 귀중한 경험을 쌓았다.

2005년 파주출판도시의 유럽 전시를 기획했다. 1단계의 주요 건물 일부분이 완성되는 시점이었고, 지침에서 의도했던 풍경이 제법 가시화되는 시기였다. 파주출판도시에 참여했던 외국 건축가들이 유럽에서 전시 한번 하자는 제안도 있었다. 파주출판도시의 성과를 본격적으로 평가받는 자리를 한번 마련하자는 여러 건축주와 건축가의 의지도 모였다.

베를린 아에데스(Aedes) 갤러리와 연결되어 약 한 달간 전시하기로 결정되었다. 베를린 중심부에 있는 그다지 크지 않은 전시장이었다. 지상철 하부 그리 높지 않은 공간이 아치 구조로서 모듈화된 장소였다. 이후 바르셀로나·그라츠·인스브루크의 순회 전시도 결정되었다. 자료를 정리하고 카탈로그를 꾸미면서 전시설계 구상을 시작했다.

광주 비엔날레의 전시 경험을 토대로 도시적 구상이 반영된 전시설계를 목표로 삼았다. 더군다나 파주출판도시 아닌가. 이미 건축

"서울 스케이프" 전시회 포스터, 2008

지침으로 구분된 건축 유형을 골격으로 약 45개의 작품을 전시하는 설계안을 완성했다. 파주출판도시의 풍경이 반영된 도시구조를 전시장 이동에 따라 변형할 수 있도록 단위 전시 작품의 조합에 특히 신경을 썼다.

2008년 대학로 뒷골목에서 사무실을 운영하던 건축가 6인(조성룡·정기용·민현식·승효상·이종호·김영준)의 "서울 스케이프" 전시회를 기획했다. 건축가별 영역을 할당하고 그들이 조합될 수 있는 여러 대안을 상정해, 피렌체를 시작으로 바르셀로나·로테르담·마리보·브뤼셀·마드리드에서 전시했다. 2016년에는 동세대 건축가 6인(김준성·김종규·최문규·김승회·장윤규·김영준)의 전시로 로마·밀라노·팔레르모 등 이탈리아를 순회했다.

미술관을 방문하다가 우연히 마주친 전시도 있었지만, 순전히 건축 전시를 보러 전시장을 방문했던 경험도 여러 차례 있었다. 시간이 흐르면서 건축 전시는 건축 설계와 떼어놓을 수 없는 건축가의 역할이라고 생각이 바뀌었기 때문이다. 전시를 기획하는 입장에서 바라보는 관점이 컸지만, 전시를 체험하면서 건축가로 느끼는 자극도 중요했다.

한때는 건축 행사가 벌어지는 2년마다 베니스 비엔날레를 찾았다. 전시의 주제, 다양한 전시 기법, 그 안에서 벌어지는 건축의 새로운 경향 등은 2년여를 살아갈 수 있는 충분한 자양분이었다. 더군다나 전시 오프닝 주간은 마치 홈커밍데이 마냥 여러 나라 건축계 친구들을 오랜만에 만나는 축제의 자리였다.

베를린 내셔널 갤러리의 렘 콜하스 전시, 바르셀로나 맥바의 르 코르뷔지에 전시, 국립 현대미술관의 승효상 전시, 로마 막시의 일본 주택 전시, 동경 모리 미술관의 메타볼리즘 전시 등은 굳이 찾아간 전시였다. 여러 도시를 방문하면서, 미술관뿐 아니라 건축학교, 건축센터에서 벌어지는 전시도 꼬박꼬박 찾아보았다. 건물의 숫자만큼, 건축가의 숫자만큼 건축 전시판이 벌어지고 있다는 사실을 확인했다.

특히 기억에 남는 전시는 뉴욕 모마의 "비개인적 주택(The Un-Private House)"이다. 뉴욕 모마는 가끔 건축의 흐름을 짚어 건축 역사에 영향을 미치는 전시를 기획한다. "인터내셔널 스타일(International Style, 1932)"이나 "건축가 없는 건축"(1965) 전시회뿐 아니라 "해체주의 건축(Deconstructivist Architecture, 1988)"과 "고층 건물(Tall buildings, 2004)" 등 건축계의 획을 그으며 중요한 나침반 역할을 했다. 요즘처럼 건축의 방향이 혼돈스러울 때 어떤 전시가 나올지 기대하는 미술관이다.

"비개인적 주택"은 1999년 뉴욕 모마에서 약 3개월간 진행된 전시회다. 헤르초크 앤 드뫼롱(Herzog & de Meuron), 딜러 스코피디오(Diller Scofidio), MVRDV, 렘 콜하스, SANAA, 스티븐 홀(Steven Holl) 등

김수근 전시회,
베를린 아에데스 갤러리, 2011

26명 건축가의 26개 주택 작품을 전시했다. 지어지지 않은 계획안도 있었고 여러 지역 다양한 규모의 단독주택을 하나하나 차분하게 경험할 수 있는 전시였다. 특히 렘 콜하스의 보르도 주택은 설계와 공사 과정을 옆에서 지켜보았기에 관심이 컸다.

1999년도에는 새로운 밀레니엄을 맞이하는 다양한 행사가 벌어졌다. 마치 세상이 끝나고 새로 시작하는 듯 혼돈의 분위기였다. 20세기 역사를 털어내고 새로운 시각으로 미래를 준비하는 마음가짐으로 모두가 설레었다. 여러 나라 도시에서 밀레니엄 프로젝트를 준비했고, 미술관들도 미래를 주제로 다양한 시각을 선보이는 전시를 준비했다. 모마의 주택 전시도 그러한 카테고리 중 하나였다.

단독주택은 작은 규모의 건축임에도 건축사에서 차지하는 비중은 막대하다. 모마에서 1932년 처음 열었던 "인터내셔널 스타일"의 건축 전시에서도 르코르뷔지에의 빌라 사보아, 미스의 투겐타트 하우스, 라이트의 메사 하우스 등 시대적 변화의 가늠쇠로 주택의 변화를 주목했다. 나중에 근대건축의 아이콘이 된 주택들이다. 밀레니엄 시대 변화의 아이콘으로 주택의 위상을 투영한 "비개인적 주택" 전시회가 다시 모마에서 기획된 셈이었다.

테렌스 라일리(Terence Riley) 전시 기획자는 단독주택을 바라보는 정치적 사회적 경제적 관점에 더해 오늘날 미디어의 변화, 건설 기술적 변화, 무엇보다 가족 구성원의 변화를 바탕으로, 밀레니엄 시대 주택 건축의 역사적 발자취를 추적했다. 주택 건축은 단순히 가족과 프라이버시에 근거한 영역에서 벗어나 점차 '퍼블릭' 성격의 투명하고 다양한 기능(예컨대 도서관·체육관·오피스 등)이 혼용된 영역으로 옮겨가고 있음을 26개 주택 사례로 예시했다. 그것을 '언-프라이빗(Un-Private)'이라는 새로운 용어를 창안해 주택을 매개로 현대 건축사의 흐름을 진단했다.

전시회에 출품된 주택들의 개념은 나중에 주택 작업을 할 때 중요한 참고 자료가 되었다. 전통적으로 침실·거실·주방·식당 등으로 고착된 주택 내부의 기능은 이제 변화된 우리의 삶을 반영하지 않는다는 인식이 있었다. 더군다나 아파트의 문화가 절대적으로 우세했던 우리의 경우 변화를 모색하기 어려운 여건이었다. 이후 진행된 몇 개의 단독주택 설계는 '비개인적 주택'의 전시회에서 얻은 인식을 바탕에 깔고 진행했다.

그러면서 미술관 건축이 건축가에게 가장 중요하다는 열망도 희미해졌다. 시대를 반영하는 건축의 작업은 미술관 건축만이 아니었고, 주택에도, 동네의 흔한 근린시설에도 중대한 건축적 의미가 있었다. 건축의 종류보다는 일상의 프로그램 작업에서 궁극적 목표를 찾는 일이 건축가 역할로 더욱 중요하다는 시각으로 바뀌었다. 건축가의 덕목은 가장 흔한 시설의 정체성을 찾아내고, 그들이 이루는 우리의

뉴욕 모마,
"비개인적 주택" 전시회 도록, 1999

환경을 지혜롭게 제안하는 일에 있다는 생각으로 정리되었다. 역설적으로 미술관의 건축 전시를 통해 미술관 건축가의 꿈을 바꾸는 계기를 얻은 교훈이었다.

그러나 무엇보다 비개인적 주택의 전시를 보고 나서 깨닫게 된 건축적 개념은, 주택을 바라보는 '프라이빗-언프라이빗'의 상대적인 관점에 있었다. 프라이빗의 대척점에 있는 단어는 원래는 '퍼블릭'이다. 사적 공간과 공공 공간의 대비, 이러한 상대성의 개념이다. 자연과 인공, 저층과 고층, 비움과 채움, 완성과 미완, 열림과 닫힘 등 이미 상대성을 좌표에 두고 건축적 변화를 모색해본 익숙한 개념이었다. 하지만 언프라이빗 단어의 위상은 '프라이빗-퍼블릭'과는 전혀 다른 관점으로 상대성의 개념을 응용하는 실마리를 던져주었다.

상대성의 개념은 반대의 방향을 취하기 위해 두 가지 축 중 하나를 선택하거나 배제하는 기준으로 생각했다. 채움의 건축을 벗어나기 위해 비움의 건축을 택하거나, 닫힘의 질서를 넘어서 열림의 질서를 지향하는 상대성이었다. 둘 중 하나를 배제하고 남기는 상대성이었다. 대척점의 단어들로 확실한 방향성을 선택해 목적지를 명확히 추구하는 개념이었다.

언프라이빗의 단어가 열어준 지평은 상대성 두 가지가 공존하는 세상이었다. 전시된 작품들을 자세히 살펴보면서 두 가지 성격의 공간이 하나만 남는 게 아니라 서로 공존하는 가능성을 발견했다. 기획자가 굳이 새로운 용어를 제안한 이면에는 두 가지 대척점의 특성이 공존하는 새로운 영역이 존재하고 있었다. 사적 공간과 비사적 공간, 공공의 공간과 비공공의 공간이 함께 섞이는 새로운 개념으로 생각이 이어졌다. 단지 주택만의 개념은 당연히 아니었다.

언프라이빗 전시회는 결국 두 가지 상대성이 공존하는 집합 형태 또 다른 개념으로 접근하는 길을 열어주었다. 두 가지 대비되는 성격의 공간이 병치되는 해법을 넘어서 서로 침입하고, 기생하고, 둘러싸고, 조직되는 다양한 해법을 발전시킬 수 있었다. 프라이빗과 퍼블릭, 나아가 상대적인 모든 특성이 함께 공존하는 집합 형태의 갈래를 알려준 중요한 전시회였다. 이후 주택을 포함해 두 가지 질서가 공존하는 몇 가지 작업을 진행했고, 아직도 중요한 집합 형태의 한 갈래로 간직하고 있다.

Y 주택, 파주시 헤이리예술마을, 2003

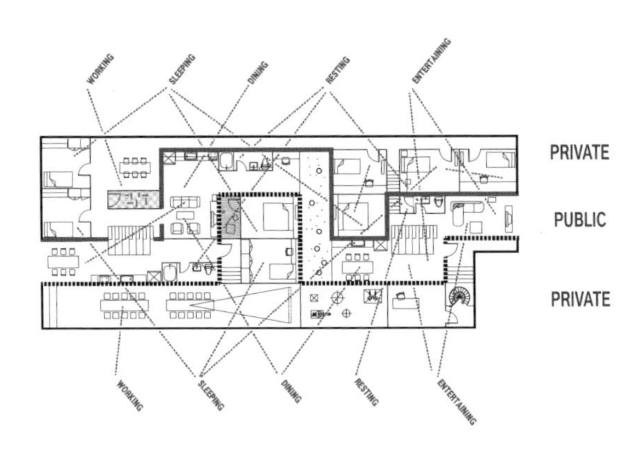

헤이리예술마을 두 개의 필지에 형과 동생의 부부, 친구 부부, 몇 개의 게스트하우스 등 복합 가족을 위한 주택 프로젝트였다. 건축적 규정으로 다세대 주택, 다가구 주택, 연립주택 어느 언저리 딱히 분류하기 어려운 두 채의 단독주택이었다. 다양한 직업을 가진 부부들, 여러 가족의 공동체를 번안하는 프로젝트라 판단했다.

프로그램을 정리해보니 개인이나 부부의 방 여럿과, 작업 공간·거실·식당·주방 등 여러 종류의 공동체 공간, 크게 두 가지 성격으로 나눌 수 있었다. 가족 단위의 유닛이 여러 채로 나뉘면 다가구·다세대 주택이 되겠지만, 공동체를 지향하는 목표를 감안하여 개인의 공간과 공동체의 공간 단순히 두 종류 구분이 더 유용하다고 생각했다.

두 필지를 가로질러 개인의 공간이 분산되는 조직 사이로 공동의 공간이 파고드는 개념을 설정했다. 프라이빗과 퍼블릭의 공간이 서로 엮이고 분산되어 공존하는 대안을 모색했다. 언프라이빗의 관점을 연장해 서로 다른 성격의 공간이 조직되는 해법을 제시했다. 지하 포함 네 개 층의 단면에서 중앙부를 파고들며 회전되는 공동의 공간을 중심으로, 개인의 공간들이 엇물리는 집합 형태를 제안했다.

개인 공간은 개별의 독립된 창문, 공동의 공간은 전체를 연결하는 선형의 투명한 유리 창호로 구분해, 공간의 성격이 입면의 차별로 드러나는 자세를 선택했다. 콘크리트 박스로 펼쳐진 단순한 볼륨에서 공동의 공간이 틈을 벌려 결국 세 가지 영역의 구성을 제안했다. 내외부 모두 중앙부 공동의 공간을 중심으로 각자 개인의 공간으로 분산되는 조직을 고수했다.

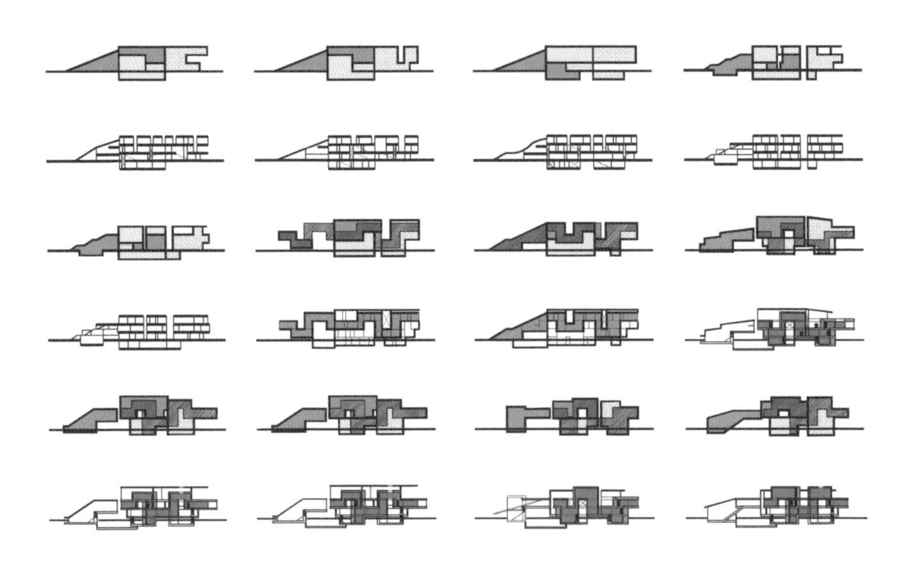

개인의 공간이 분산되는 조직 사이로 공동의 공간이 파고드는 개념을 설정했다.

콘크리트 박스로 펼쳐진 단순한 볼륨에서 투명한 공동의 공간이 드러난다.

두 개의 주택을 연결하여 각 공간의 성격이 입면에서 드러나는 자세를 지향했다.

©김재경

프라이빗과 퍼블릭 공간이 서로 엮이고 공존하는 언프라이빗의 대안을 모색했다.

이중도시, 행정중심복합도시 기본구상, 현상설계(공동 당선), 2005

2005년 진행된 행정중심복합도시 기본구상안 현상설계의 제안이었다. 우리의 도시를 만드는 절차는 법규나 제도가 엔지니어링에 치우쳐 도시의 개념을 만드는 단계는 대단히 약화되어 있다. 본격적으로 도시를 만들기 이전, 도시의 아이디어를 구하는 절차로서 현상설계가 개최되었다. 다섯 개의 당선안이 선정되었고, 그중 하나의 안을 토대로 실제 도시 설계가 완성되었다.

1990년대 말부터 중국의 급격한 도시개발 사례의 연구가 진척

되었다. 중국 선전의 경우 도시가 급격히 팽창하면서 어느새 골프장이 도시 정중앙에 자리한 도시 사례로 회자되었다. 네덜란드 란드슈타트처럼 도시 내부가 비어있는 링 구조의 사례도 관심을 끌었다. 새로운 행정도시 모델로서 직간접 영향을 미친 연구였다.

단순히 가운데가 빈 하나의 링 구조보다는 다수의 링이 결합되는 방식을 제안의 골격으로 삼았다. 그러면서 두 가지의 서로 다른 성격, 고밀도와 저밀도, 고층과 저층, 현재와 과거, 직선과 곡선 등 여러 대척점의 도시 상대성을 공존시키는 전략적 도시체계를 상정했다. 구체적인 도시의 설계보다는 행정도시를 만들어가는 개념을 '이중도시'라는 이름으로 제안했다.

이미 존재하는 마을들을 중심으로 조성되는 저층저밀 하나의 자연형 도시구조에, 주변 도시와 바로 연결하는 고층고밀의 또 하나 인공형 도시구조가 중첩되는 제안이었다. 두 개의 구조가 중첩되는 부분이 도시 풍경 좌표의 핵심 영역이었다. 채움과 비움이 혼재되는 이중의 도시체계를 완성했다.

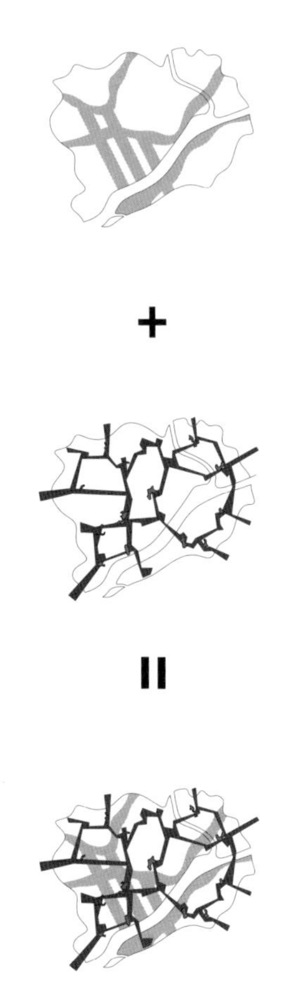

도시의 대척되는 상대성을 공존시키는 전략적 도시 체계를 상정했다.

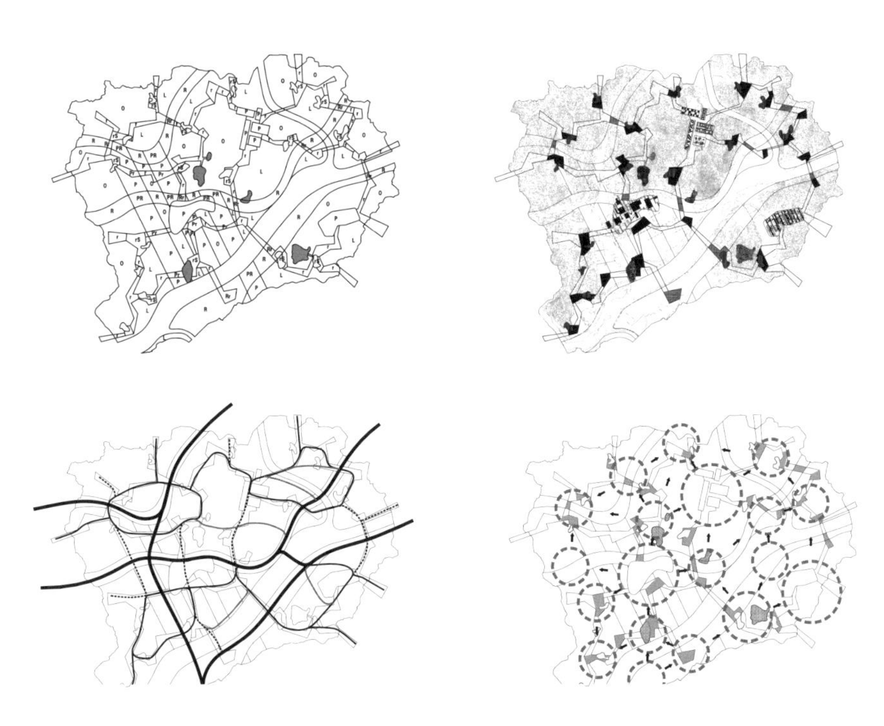

하나의 링 구조보다는 다수의 링이 결합되는 방식을 제안의 골격으로 삼았다.

채움과 비움이 혼재되는 이중의 도시 체계를 제안했다.

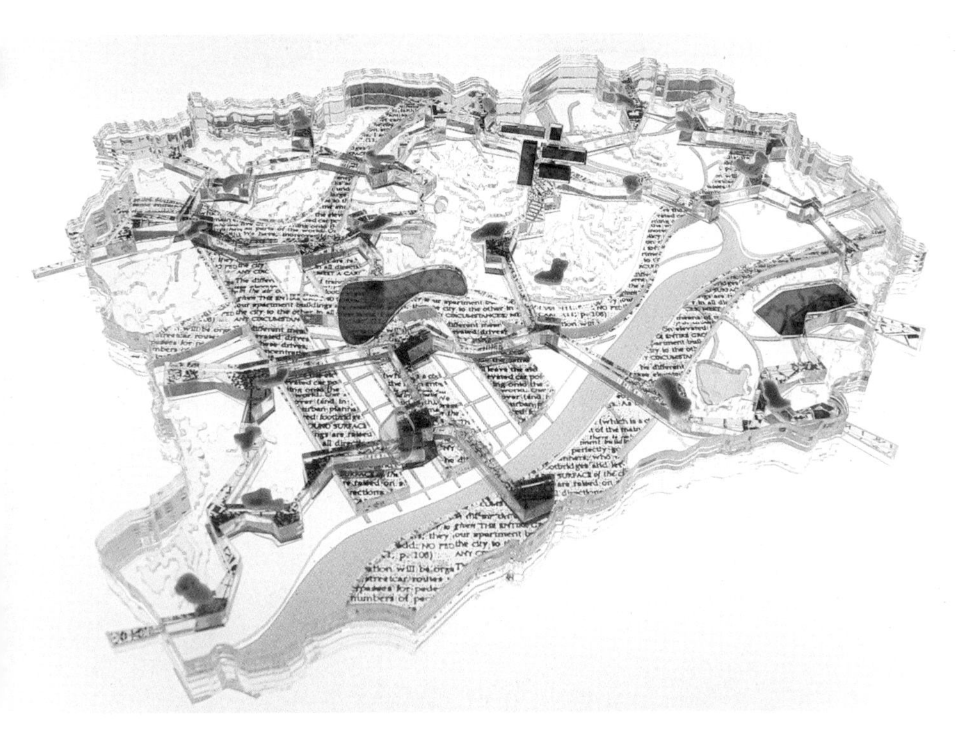

저층저밀의 자연형 도시구조에, 고층고밀의 인공형 도시구조가 중첩되는 제안

위미공소, 계획, 2022

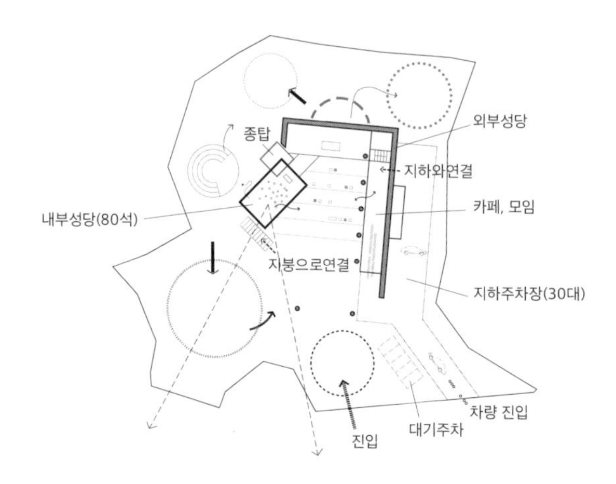

공소는 신부님이 상주하지 않는 작은 성당을 이르는 말이다. 예전 교통이 불편하고 인구가 분산되어 있을 때, 하나의 본당 아래 어떤 곳에는 여럿의 공소가 있었다. 작은 성당이면서 대부분 소외된 지역 신앙의 터전이었다. 지금은 공소의 의미가 많이 퇴색했고 더 커진 본당으로 흡수되는 추세로 알고 있다.

제주 교구에는 아직도 공소가 존재하고 있었다. 차로 가면 10분 거리, 도시의 상식으로 그리 멀지 않은 장소인데 남루한 공소를 유지하고 있었다. 동네 사람들의 공유 장소로서 전통을 유지하는 모습이 보기 좋았다. 몇 차례 방문하면서 예전과 다른 의미의 공소를 생각했다. 주차장으로 둘러싸인 작은 성당보다 방문객을 포함하여 일상의 장소로서 넘어가는 다른 위상의 공소를 상상했다.

큰 것과 작은 것, 실외와 실내, 전통과 현대, 속세와 종교, 모임과 신앙 등 여러 가지 상대성이 공존하는 집합 형태의 공소를 목표했다. 대성당 내부에 존재하는 소성당의 사례를 떠올렸다. 제주의 일상과 관광객 사이에서, 본당과 공소의 관계에서, 내부공간과 외부공간의 구조에서, 다양한 성격의 장소적 특성이 공존하는 새로운 공소의 역할을 제시했다.

벽으로만 존재하는 중세 유럽 성당 스케일 안에 소성당의 역할로 파고든 작은 성당을 최종안으로 제안했다. 공소를 둘러싼 다채로운 모임이 제주 바닷가의 풍광에 맞추어 크건 작건, 종교적이건 아니건, 일상과 이벤트 모두의 장소로 조성되길 기대했다. 그 안에서 종교와 일상이 함께하는 공소 존재 가치의 새로운 집합 형태를 완성했다.

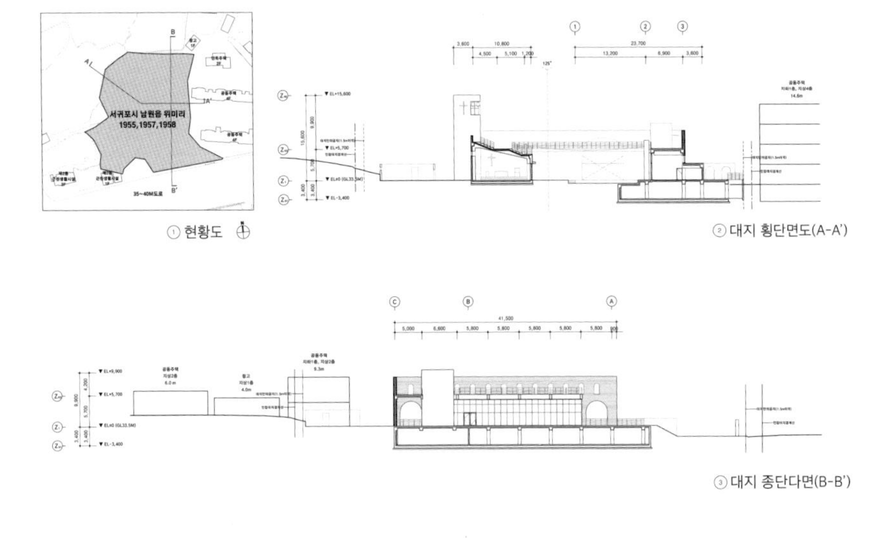

① 현황도

② 대지 횡단면도(A-A')

③ 대지 종단다면(B-B')

일상의 장소로 넘어가는 다른 위상의 공소를 상정했다.

다양한 성격의 장소적 특성이 공존하는 새로운 공소 역할을 상상했다.

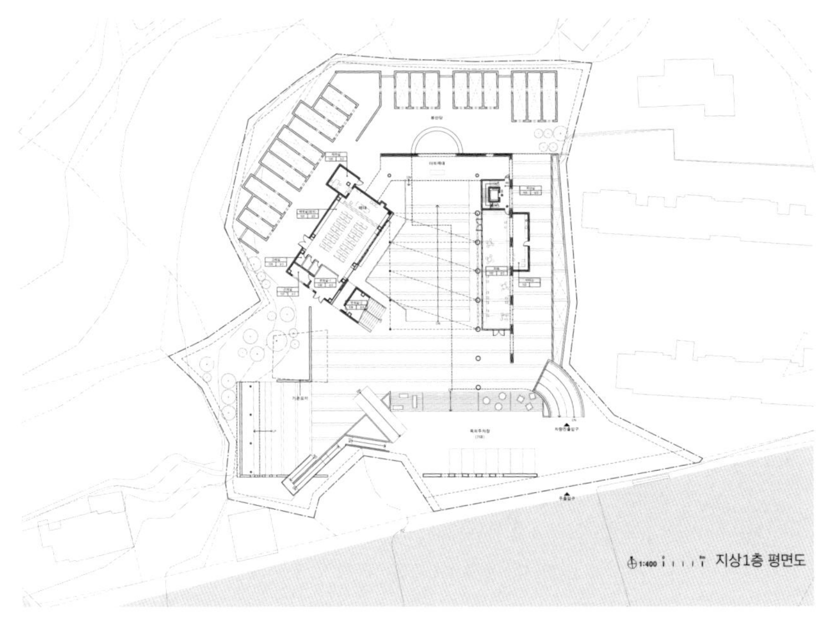

전통과 현대, 속세와 종교, 모임과 신앙 등 상대성이 공존하는 공소를 제안했다.

종교와 일상이 함께하는 집합 형태로서 공소의 존재 가치를 목표했다.

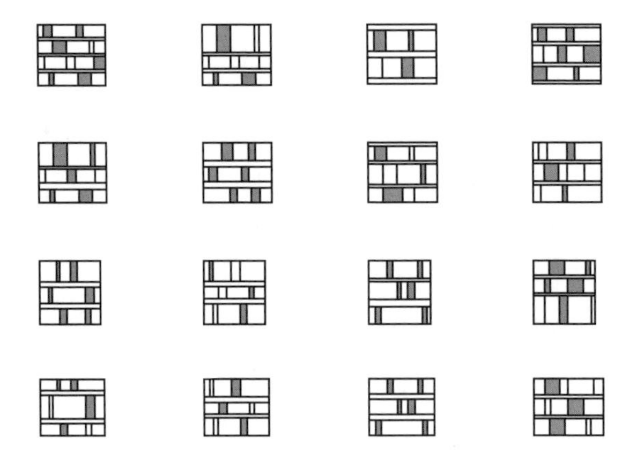

포메이션

Formation

30대 중반에 들어서서 런던으로 이주했다. 유럽의 도시와 건축을 참고하며 지냈기에 이국정서를 크게 느끼지는 않았다. 책으로 익혀서 익숙했고 이전에도 여러 차례 방문했던 곳이어서 적어도 표면적 인상은 낯설지 않았다. 집을 구하면서 방문객이 들르지 않는 도시 구석구석을 다닐 때에도 이국적인 놀라움은 없었다. 자료로 검토하던 장소와 건축들을 직접 확인하는 시간을 보냈다. 기차를 타면서, 슈퍼마켓에 다니면서, 펍에서 한잔하면서, 주변의 내면을 차분히 들여다볼 수 있을 때쯤 조금씩 런던 삶의 다른 단면이 다가왔다.

기다리던 학교 첫 수업이 끝나고 몇 명의 수업 동기와 차를 마시는 자리였다. 그리스에서 온 친구가 대뜸 런던 축구팀 하나를 선택해 함께 응원하자는 얘기를 꺼냈다. 이탈리아·스웨덴·포르투갈 등 다른 유럽에서 온 친구들이 따라 동조했다. 토트넘 코트 로드가 학교의 주소이니만큼 토트넘이 좋겠다고, 말도 안 되는 논리로 팀이 결정되었다. 실제 토트넘 동네는 런던 한참이나 북쪽에 자리하고 있다. 그들을 따라 한두 번 토트넘 경기를 구경했다. 축구는 함께하는 일상이라고 누군가 장황하게 설명했다.

축구로 인해 처음으로 이국정서를 경험했다. 굳이 유학까지 와서도 응원할 축구팀을 정하는 일이 무엇보다 우선인 그들 때문이었다. 학창 시절 여러 반 여러 팀이 함께 운동장 먼지를 날리며 뛰어다녔고, 고등학교 축구팀 응원 몇 번 다닌 기억밖에 없었다. 가끔 차범근 나오

2002 한일 월드컵,
서울 시청 앞 광장

는 국가대표 경기를 응원했던 경험이 전부인 축구 인생이었다. 축구를 둘러싼 그들의 열정에 도무지 공감하기 어려웠다.

토트넘 축구에 익숙해지기도 전에 네덜란드 로테르담으로 건너갔다. 어느 날 시내에서 독일 친구와 저녁을 먹고 있었다. 갑자기 도시 전체가 들썩거렸다. 고함 소리에 자동차 경적 소리에 사람들이 거리를 질주하고 있었다. 지진이거나 전쟁이거나 둘 중 하나라는 생각이 스쳤다. 밖에 나가 자세히 보니 들뜬 군중이었다. 깃발을 흔드는 사람도 있었다.

식당 안은 차분했다. 축구 경기가 끝났다고 누군가 얘기했다. 네덜란드와 터키가 오늘 축구 경기를 했고, 터키가 오랜만에 2:0으로 이겨서 이런 난리라고 상황을 전했다. 그들에게는 익숙한 풍경인 듯 싶었다. 이제 막 유럽 도시 문화에서 축구가 중요하다고 느끼는 시점에, 네덜란드에 이민 온 수많은 터키인이 로테르담에 몰려와서 나에게 이국정서의 축구를 생생히 보여주었다. 우리의 2002년을 미리 경험했던 시간이었다. 일하던 사무실에서는 다들 너무 바빠서인지 페예노르트

팬이 되자는 동료는 없었다.

그로부터 10여 년이 지나 마드리드에 머물 때쯤에는 나도 이미 그들 축구 문화에 조금은 물들어 있었다. 스페인 축구 열기도 만만치 않았다. 바르셀로나 친구들을 만나면 바르셀로나 편에 서고, 마드리드 친구들을 만나면 마드리드 편에 서는 어정쩡한 자세로 그들과 함께했다. 마드리드 안에서 레알과 아틀란티코로 나뉠 때는 어쩔 도리 없었다. 리그 시작 전 마드리드와 바르셀로나의 경기 속칭 엘클라시코 일정이 잡히면, 두 개의 날짜 스케줄을 비우는 그들의 문화에도 곧 익숙해졌다. 날씨 말고도 대화를 끌어갈 화젯거리는 축구 가십으로 완벽했다.

유럽에서 축구는 100년 넘게 이어온 도시 간 전쟁과 교류의 역사로서 평가된다. 도시마다 적어도 스토리가 축적된 한 팀 이상의 축구팀이 있었다. 리그 외에 흔히 컵 대회라 부르는 경기에서는 듣도 보도 못한 작은 도시의 이름을 발견할 수 있었다. 국가의 경계를 넘어서는 유러피안 챔피언스 리그의 경기 때는 거의 만여 명에 육박하는 상대팀 응원단이 상대 도시를 방문하는 연례행사도 대단했다. 정말로 상상하기 어려운 이국적인 정서였다.

수요일 저녁 7시 45분(지금은 바뀌었다), 웅장한 음악과 하이네켄 광고와 함께 시작하는 챔스 게임은 유럽의 도시와 일상이 품어내는 최고의 축제였다. 축구로 인해 증폭되는 서로 다른 도시 공동체의 결속이 참신했다. 대도시는 나름 최고의 팀을 보유해야 하는 암묵의 룰도 느꼈다. 미래에는 몇몇 유명한 도시가 살아남을 거라는 도시론자의 기초적인 가정을 축구판에서 이해했다.

토트넘·리버풀·맨체스터·아약스·에인트호벤·페예노르트·마드리드·바르셀로나·발렌시아 등 국가와 도시의 이름과 축구팀의 면면이 매치될 즈음, 나라별 도시별 도시와 건축의 특성을 찾아보는 즐거움이 동반되었다. 어떤 도시들은 축구를 매개로 관심이 생겨 방문한 경우도 있었다. 일률적으로 평가 재단할 수는 없지만 도시와 건축의 위상도 그들 축구의 위치와 닮아있었다. 축구는 유럽의 도시에 다가서는 안내자로 더없이 완벽했다.

일 년 이상 머물면서 사계절을 경험했던 도시는 런던·로테르담·마드리드 세 곳이었다. 연구나 답사 목적으로 짧은 기간 도시를 방문하면 나름 강력한 도시구조 하나로서 그곳을 기억하는 습관이 있었다. 파리는 축으로, 베를린은 동서의 경계로, 비엔나는 링으로, 코펜하겐은 방사형으로, 바르셀로나는 그리드로… 이런 방식이었다. 거기에 책이나 매체에서 얻은 정보를 계속 얹으면서 저장된 개별 도시의 프로필을 업데이트하곤 했다.

하지만 일 년 이상을 한 곳에서 지내다보면 그런 방식으로 정돈되지 않았다. 공부를 하건, 작업을 하건, 학생을 가르치건, 일 년 이상 한 도시에서 살아가는 삶은 멀리서 조감으로 바라보는 도시구조를 와해시켰다. 나의 삶의 영역이 만드는 전혀 다른 도시 구조가 파고들었다. 일상의 루트와 사건들이 더해져 기본 기억의 구조가 흩어지고 재생성되었다. 가끔은 실체와 현실이 왜곡되기도 했다.

런던에서는 개인 자동차와 철도를 번갈아 이용하며 살았다. 상대적으로 시내와 외곽, 주변 작은 도시까지 수월하게 답사를 다녔다. 찾아오는 손님들과 바스(스톤헨지 때문에) 같은 도시는 거의 열 번 이상 다녀왔다. 로테르담에서는 바쁘기도 했고 주로 시내에서 자전거를 탔

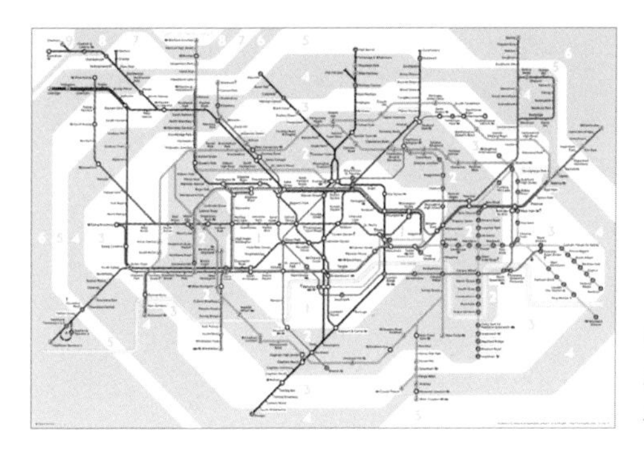

런던 지하철 노선도.
최초로 도시를 전기회로도 모습으로 추상화했다.

기에, 움직이는 영역이 극히 제한적이었다. 철도를 이용한 주변 도시의 답사로 흘렀다. 그러면서 광역 도시 구조로 관심이 옮겨갔다. 마드리드에서는 대중교통을 이용했지만, 어느덧 나이를 먹었기에, 택시나 친구들의 자동차, 때에 따라 고속철도와 비행기까지 활용해 넓은 목적지를 다닐 수 있었다. 교통의 동선, 이동 수단의 변화에 따라 자기 삶의 반경에서 도시를 기억하는 지도가 다시 그려진다는 사실을 깨달았다.

함께 살아가는 사람의 차이도 도시의 기억에 영향을 미쳤다. 런던은 가족들 때문에 꽤 오래 적을 두었고, 학생들로 시작해 교수들과 건축가들까지 다양한 그룹과 친분을 쌓았다. 그들에게 책에서 보지 못하는 다양한 도시 정보를 얻었다. 축구뿐 아니라 역사·음식·주거 등 다방면 정보로 도시를 이해하는 중요한 좌표가 파생되었다. 로테르담에서는 주로 사무실 동료들, 그것도 거의 외국에서 온 이방인들이었기에 공동의 작업 외에 도시 정보 습득은 한정적이었다. 주로 책의 정보에 발걸음으로 덧댔다. 마드리드에서는 학교에 있으면서 많은 건축가와 교류가 있었기에 독특한 관점의 도시·건축·역사 정보까지 얻을 수

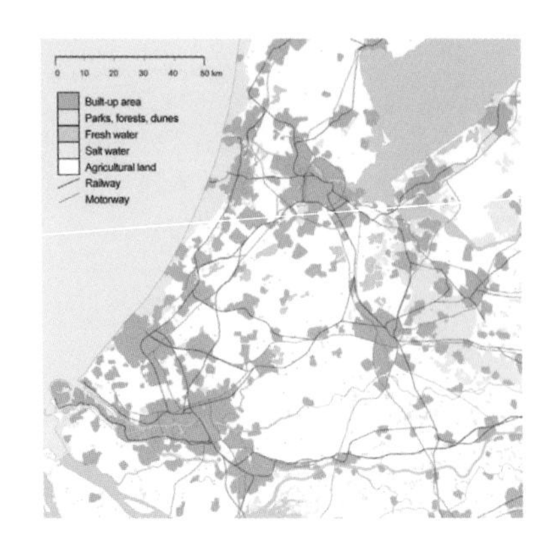

네덜란드의 도시 연합체 란드스타트.
내부가 비어있는 링 구조의 원형

있었다. 18세기 도시의 생생한 도면도 보았고, 투우가 도시와 접목되는 지점, 스페인 내전 시기 도시적 진용 얘기도 들을 수 있었다. 그러면서 이들 기본 도시구조의 기억이 지극히 개인적인 지도로 변해갔다.

돌이켜보니 런던은 지하철 노선으로 도시의 구조를 기억했다. 처음에는 단순했다. 동서남북 집을 찾는 핑계로 돌아다니다가 지하철 2존과 3존 경계 지역의 원형 구조에 익숙해졌다. 유럽 도시들이 산업혁명 이후 편서풍의 영향 때문에 일반적으로 서쪽이 잘살고 동쪽이 낙후되어 있다는 사실도 확인했다. 거기에 첼시·아스날·토트넘·풀럼·웨스트햄뿐 아니라 퀸스파크·크리스탈 팰리스·밀월·브렌트포드·왓포드까지 축구팀 연고지의 위치와 그들의 역사가 런던 기억의 또 다른 레이어로 더해졌다. 시간이 지나면서 계속 쌓이는 정보들에 덮여 처음과는 완전히 다른 모습의 런던 구조로 기억이 변했다.

로테르담은 팀텐의 작업으로 많이 언급된 도시이기에 이주할 때 기대가 많았다. 2차 세계대전 당시 독일군의 폭격으로 도시는 완벽히 무너졌고 1950, 60년대의 이상으로 재건된 도시였다. 처음엔 도심의 폭격에서 살아남은 몇몇 건축, 지속된 건축적 실험의 중심도로, 바탕의 운하 체계로 기억했다. 막상 사는 동안 로테르담 도시구조의 정보 대신 로테르담·델프트·헤이그·스키폴공항·암스테르담·위트레흐트까지 소위 란드스타트(Randstad)의 내부가 비어있는 도시 간 링 구조로 관심이 옮겨갔다.

링 구조를 이루는 작은 도시까지 시간 날 때마다 답사하였다. 구조에서 가지쳐 나간 하를렘·아메르스포르트·에인트호벤·브레다 좀 멀리는 독일의 뒤셀도르프·쾰른·벨기에의 안트베르펜까지 광역 도시체계로 관심이 확장되었다. 로테르담 하나의 도시보다 도시 연합체, 개별 도시의 집합체계로서 도시구조를 폭넓게 기억에 저장하였다.

마드리드는 도시 중앙부 남북을 가로지르는 카스테야나 대로에 여러 고유 지역이 붙어 있는 도시로 기억했다. 거주하면서부터 무조건 새로운 동네와 지역을 정처 없이 방황했다. 그때 카스테야나 북쪽으로 작은 신도시들이 건설되었고, 지하화를 계획한 내부 순환도로 M30 주변을 따라 도시의 중심 영역도 확장되고 있었다. 과다한 건설 경기로 새로운 건축 프로젝트가 도시 곳곳에서 벌어지고 있었다. 흩어져 있는 훌륭한 건축들을 오랫동안 답사하다가, 마드리드 도시구조는 희미해지고 온통 건축으로 채워진 건축의 도시로 기억이 변모되었다.

축구는 도시별 경쟁의 흥미만을 남기지 않았다. 도시에서 경기장의 위치를 찾고 경기장 건축의 자세를 살펴보는 습관도 생겼다. 도시 외곽으로 내몰리지 않은 레알 마드리드 구장, 대부분 런던 축구팀의 구장 등 아직도 도심에 경기장을 품고 있는 사례에 흥미를 느꼈다. 도시 내부의 거점으로서 대규모 인파가 집중되는 경기장의 위상은 도시 프

마드리드 중앙을 관통하는
카스테야나 도로가 도시를 동서로 나눈다.

로그램 관점에서 분석해 볼 만한 가치가 있었다.

경기장 건축 또한 관심을 끌었다. 축구 필드를 관중석 스탠드로 둘러싸는 기본적인 뼈대는 시대에 따라, 규모에 따라, 경기장의 모습을 바꾸었다. 클래식한 외벽과 구조를 노출한 일반적인 경기장에서 점차 독립된 조형으로 바뀌는 모습을 추적했다. 아틀란티코 마드리드 경기장(지금은 옮겼다)의 사례처럼 주변 고속도로 상부로 스탠드를 확장해 인프라와 경기장이 복합된 하이브리드 구조도 이채로웠다. 경기 중계를 보기 전, 경기장 주변 풍경을 구글맵으로 찾아보는 습관에도 익숙해졌다.

시간이 흐르면서 자연히 축구 전술로도 관심이 옮아갔다. 처음엔 11명이 공을 쫓아 뛰는 게 얼마나 다를까 싶었다. 차츰 경기 자체를 즐기다가 책이나 해설을 가이드 삼아 축구의 전술에서 블록·구조·단면(종횡)·점유·연계 등 건축과 유사한 용어를 발견했다. 전술적 관점에서 축구는 공이 아니라 사람(선수)과 공간을 다루는 게임이었다.

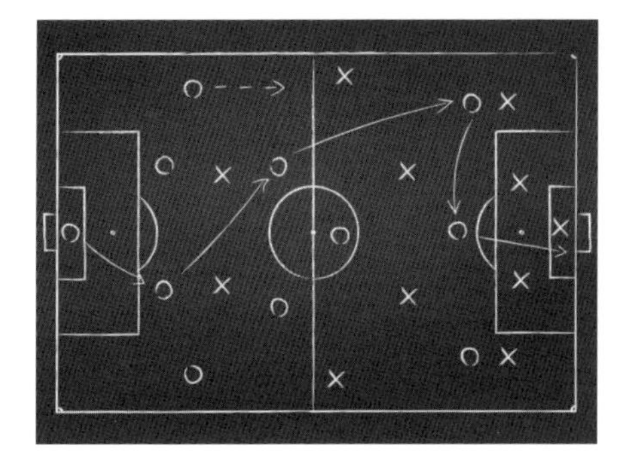

축구의 포메이션
전술 용어는 건축의 공간을 다루는
단어와 유사하다.

그렇기에 공간을 다루는 건축적 언어와 겹치는 지점이 여럿 있었다. 4-4-2이니 4-3-3과 같은 전술의 기본 포맷을 부르는 용어는 포메이션(Formation)이라 불렀다. 포메이션, 오래 찾아 헤매던 집합 형태의 출구 하나를 축구에서 맞닥뜨렸다.

형태(Form)는 건축에서 건너뛸 수 없는 가장 기본 덕목의 단어이다. 포메이션은 폼에서 파생된 단어일 것이다. 폼이 고정되어 있다면 포메이션은 움직이는 폼 정도로 이해할 수 있다. 시시각각 변화를 가정하는 폼의 기본 골격, 그것이 포메이션이다. 전쟁에서 쓰이고 축구에서도 쓰이지만, 건축에서도 다루어볼 만한 주제라는 생각이 들었다. 여러 형태로 드러나는 건축, 바로 집합 형태의 한 줄기였다. 조형이 너무 앞서는 건축에서 벗어나는 대안을 찾아다니던 때였다. 폼과 포메이션 사이 어디엔가 또 다른 건축적 개념의 실마리가 보였다.

형태는 건축의 기초 수업에서 가장 먼저 시작하는 주제이다. 주로 건축의 형태를 논할 때는 매스와 공간의 연결 지점으로 정의한다. 크기·

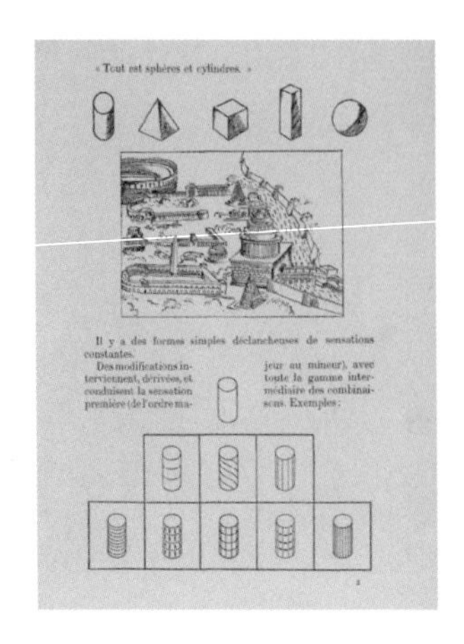
« Tout est sphères et cylindres. »

Il y a des formes simples déclancheuses de sensations constantes.

Des modifications interviennent, dérivées, et conduisent la sensation première (de l'ordre majeur au mineur), avec toute la gamme intermédiaire des combinaisons. Exemples :

르코르뷔지에의 건축형태론, 1920

색깔·질감·위치·방향 등의 시각적 변수를 논의한다. 르코르뷔지에는 순수한 아름다운 형태로 큐브·콘·구체·실린더·피라미드를 들었다. 그렇게 형태를 둘러싼 논의를 책으로 배웠다.

형태는 규칙적인 것과 불규칙적인 것으로 나누고, 순수한 형태와 그것을 빼고 더하는 변형으로도 나눈다. 또한 중심형·직선형·방사형·집합형의 분류에다 조정(Articulation)·위계(Hierachy)·대칭(Symmetry)·비대칭(Asymmetry)·반복(Repetition)·연속(Progression)·종결(Termination)·강조(Accentuation) 등의 변수도 응용한다. 한두 단어 다를지언정 건축 입문서 형태 항목 어디서나 찾을 수 있는 내용이다.

그러나 건축은 내부를 사용하는 조형이기에 무턱대고 형태만 앞세울 수는 없다고 기술되어 있다. 과거 양식(스타일)의 시대에는 모두가 약속한 듯 기본 형태를 따랐고, 이미 정해진 범주 안에서 변화를 모색하는 형태적 테크닉에 머물렀다. 형태론을 포장하는 많은 단어는 역사적으로 그러한 관성에서 유래되었다. 건축이 들어설 땅을 보고 떠오르는 영감을 스케치로 표현하는 건축가의 모델에는 건축에서 형태가 가장 중요한 결과임을 은연중에 드러낸다.

근대 이후부터 내부 기능이 우선이고 외부 형태가 종속된다는 발언이 공감을 얻었다. 형태보다 기능이 앞선다는 사고의 전환이었다. 건물의 용도가 분화되었고 그전까지 존재하지 않던 건물 프로그램이 나타나면서 기능의 위상이 형태를 넘어 공고해졌다. 기능에 충실한 건축이 좋은 건축이며, 형태는 기능의 해결 뒤에 따라오는 마무리 행위 정도 뒤로 물러섰다.

건축에서 기능(Function)은 건물의 의도나 목적을 이르는 단어이다. 건물이 목적에 맞추어 잘 작동하는지 혹은 설비나 장비 서비스가 충실한지까지 폭넓게 아우르는 용어이다. 주택은 사는 곳이고 오피스는 일하는 곳이며 학교는 가르치고 배우는 곳 등이 기본의 기능이다. 기능주의(Functionalism)란 건물은 원래의 기능에 충실한 바탕에서 건축의 형태가 결정된다는 이념이다.

1960년대 이후 과학적 분석의 틀이 건축에 도입되면서 기능적 건축(Functional Architecture)이 득세했다. 기능적 건축에서는 기능이 세분화되면서, 서로 효율적 연계를 위한 동선(Circulation)이 논의의 앞자리에 놓였다. 버블 다이어그램이 필수적인 분석 수단으로 자리 잡았다. 그러면서 소위 인접성(Adjacency)의 가치가 건축 설계의 핵심으로 자리 잡았다. 주택 설계에서 주부의 동선을 짧게 하려면 안방과 주방이 가까워야 한다는 해석이 기능이라는 이름으로 규정되었다. 건축의 목표가 너무 단순해졌다. 기능적 건축은 인간의 행동 패턴을 명확히 분석하여, 건물의 완벽한 성능을 목표로 프로그램 간 상호 연계와 교류를 진작시키는 방법론까지 발전했다.

AA 건축학교는 도심에서 흔히 발견되는
공동주택을 개수해서 사용한다.

AA 건축학교는 원래 런던에서 흔히 발견할 수 있는 공동주택을 개수해 사용하고 있다. 학교의 기능에 맞추어 개수했겠지만, 계단은 두 사람이 교행하기 어려운 주택 그대로의 폭이다. 더군다나 공용 화장실은 지하층과 4층 단 두 군데에만 두었다. 기능주의에 익숙했던 건축적 사고로는 불합격 받을 건물이고 사용에 커다란 문제를 예단했을 법한 학교 건물이다.

하지만 학교는 꽤 오랜 기간 잘 작동해왔고, 내가 다니는 동안에도 큰 불편을 느끼지 못했다. 몸집이 큰 자하 하디드 같은 이를 계단에서 만나면 참에서 잠깐 기다리면 됐다. 화장실은 조금 더 걸어가면 되는 거였다. 아무리 기준층의 면적이 작더라도 화장실은 층마다 있어야 하고, 출입구는 인원에 따라 얼마 이상을 확보해야 하며, 식당은 규모에 따라 몇 명의 테이블을 준비해야 하는 등 기능적 건축의 관점에서는 모든 시설이 기준 이하인 학교였다. 그러나 조금 불편할지언정 다른 의미의 기능 측면에서 꽤 좋은 학교로 충분히 작동하고 있었다.

건축에서 '기능'의 개념을 다루는 것이 아니라 그동안 '기능적 건축'에 집착해 작업했다는 깨달음을 얻었다. 학교에서 배운 건축 설계 수업이나 실무에서 그토록 수련했던 기능의 해결이라는 과제가 그저 기능 하나의 측면, 기능적 건축에 몰입했었다는 자각으로 이어졌다. 건축은 기능과 형태 둘만 양립하는 세상이 아니었다. 형태가 아니라고 기능이 자리를 대체하는 단순한 극단을 선택하는 세상이 아니었다.

형태와 기능(기능주의가 아닌) 사이 어딘가를 찾아다닐 때, 축구의 포메이션 단어는 중요한 나침반이 되었다. 블록(축구에서 하이·미드·로우)에서 종횡 단면을 검토해 서로 연계를 목적으로 기본 구조를 짜는 것, 그것을 하나의 건축적 포메이션이라 유추했다. 형태를 뒤로 물리고 기능을 기능주의에서 단절시키니, 두 축을 좌표로 다양한 사분면이 꾸려졌다. 그러면서 공간과 구조의 연계 자리가 새롭게 드러났다. 몇 개의 프로젝트를 포메이션의 개념을 벗 삼아 집합 형태의 한 갈래로 작업했다.

K 주택, 파주시 헤이리예술마을, 2005

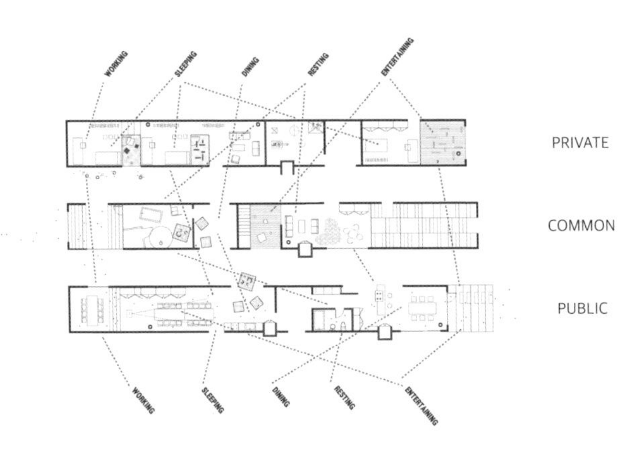

헤이리예술마을 맨 윗단 구석에 자리한 주택 작업이었다. 언덕에 있어 대지 내의 경사가 심했다. 헤이리예술마을 자체의 건축지침에 따라 건물이 앉을 자리는 저절로 정해졌다. 대지는 원형의 연결 도로 종점 한 면을 차지했고, 좁은 면이 도로에 접하는 사다리꼴 형상이었다.

건축주는 작업 공간과 주말주택의 두 가지 용도를 요청했다. 상주하지 않는 주택과 여러 사람이 함께 작업하는 작은 사무실, 두 개의 기능이 공존하는 건축이었다. 100여 평 미만의 규모에서 두 개의 프로그램을 안배하려면 서로 공유되는 영역이 필수적이었다. 개인 기능(주택), 공동 기능(사무실), 그리고 중간 성격 공유 기능, 프로그램별 세 가지 매스의 독립 형태를 생각하면서 작업을 시작했다.

세 개의 기다란 기본 매스가 서로 얽혀있는 갈등의 구성을 떠올렸다. 세 개의 매스를 조직하는 개념, 포메이션이 지향하는 다양한 자세를 유추해 집합 형태의 대안을 모색했다. 압축된 외곽 볼륨(지침) 내에서 세 개의 매스가 자신의 기본 기능을 유지하면서 3개 층 안에서 서로 부딪혀 올라가는 연계된 조직을 목표했다. 여러 차례 모델 스터디를 거쳐 최종 구성을 결정했다.

세 개의 매스는 서로 얽힌 채 단순한 외관 볼륨 내에서 정렬했다. 각각의 매스는 노출콘크리트로 통일하되 콘크리트 마감의 방법을 달리했다. 매스별로 차별화된 오프닝 패턴을 더해, 단순한 볼륨과 복합의 내부공간이 공존하는 주택의 사례로 완성했다. 세 개의 매스가 서로 중첩되면서 기능 사이사이 의도치 않은 포메이션의 연계가 파생되길 기대했다.

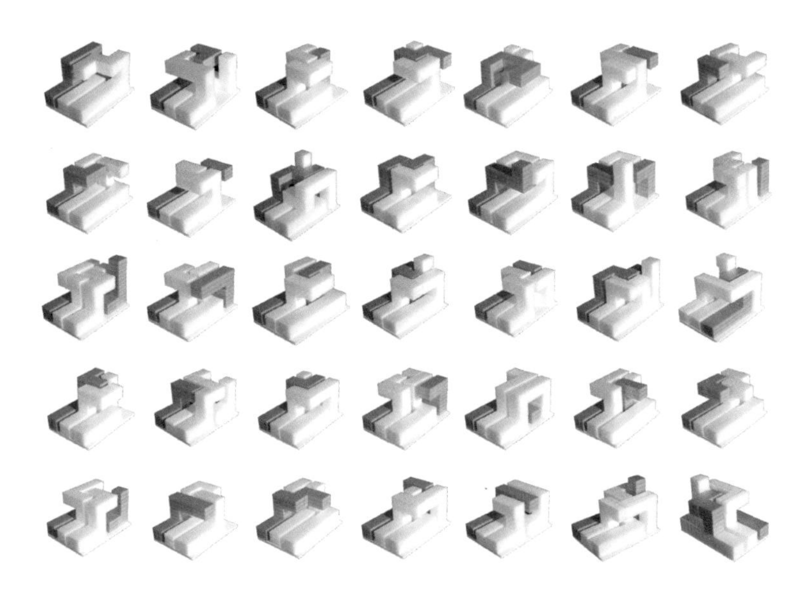

세 개의 기본 매스가 얽혀있는 갈등의 구성, 여러 종류의 모델 스터디

매스가 중첩되면서 사이사이에서 의도치 않은 기능의 연계가 파생되길 기대했다.

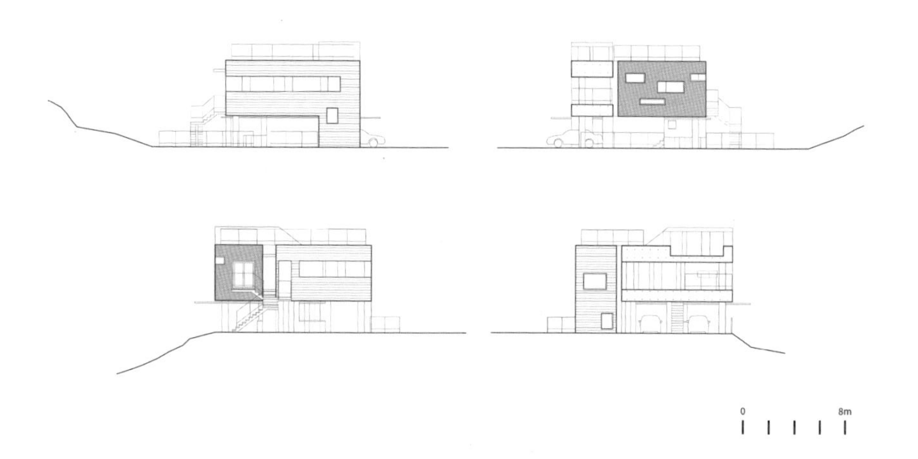

세 개의 매스는 단순한 볼륨 내에서 콘크리트 마감 방법과 오프닝 패턴을 달리하여 정렬했다.

ⓒ김재경

포메이션이 지향하는 다양한 자세를 유추해 집합 형태의 대안을 모색했다.

학현사, 파주출판도시, 2005

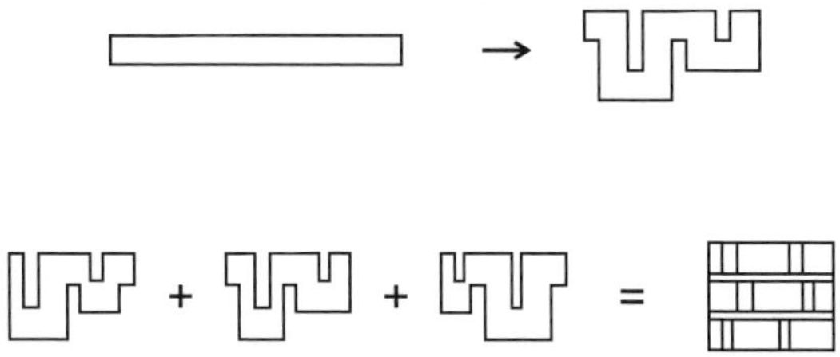

파주출판도시 1단계 여정 막판에 전화국 건물이 취소되면서 생겨난 몇 개 필지의 후속 작업이었다. 건축지침이 마련되지 않아 지침의 정신을 지키는 선에서 자유로운 작업이 가능했다. 2단계의 유수지를 바라보는 1단계 끝단에 위치한 필지였다.

프로그램을 논의해보니 출판사가 전용하는 면적에다 건축주의 주택을 더하더라도 건축 규모는 얼마되지 않았다. 상대적으로 큰 필지이기에 여분의 임대 공간을 고려해 일단 최대 용적을 올리기로 결정했다. 자유로운 지침에다 프로그램 기능까지 상대적으로 널널한 프로젝트 기회였다. 여러 개의 임대(오피스와 극장, 전시장까지) 프로그램을 목표로 불특정의 용도도 수용 가능한 프로젝트로 상정했다.

비슷한 시기 K주택을 작업했다. 포메이션의 같은 개념에서 출발해 다른 결론을 찾아가는 목표를 설정했다. 불특정 프로그램이다 보니 내부 기능을 분류해 세 개의 매스로 나누는 작업은 불가능했다. 대신 임대의 분절을 예상하고 중간중간 보이드 공간을 포함해 2개 층씩 묶인 세 가지 기본 골격을 도출했다. 그들의 포메이션 조직을 생각했다.

각기 세 개의 매스를 지하층 포함 6개 층에서 별도로 꼬아서 병렬시키는 대안으로 발전시켰다. 사실 포메이션의 실험으로 다른 주택 프로젝트에서 시도했던(마무리 못했다) 대안의 연장선이었다. 세 개의 매스는 각기 다양한 규모의 임대 공간을 품으면서 독자적인 형태를 지닌 병렬 구조체로 조직되었다. 매스와 매스 사이에 1.8m 폭을 두어 단위 매스 독립 형태를 강조하면서 외부공간과 내부 연결 복도로 활용했다. 단순한 볼륨, 복합의 내부 조직으로 구성된 집합 형태의 또 다른 사례로 완성했다.

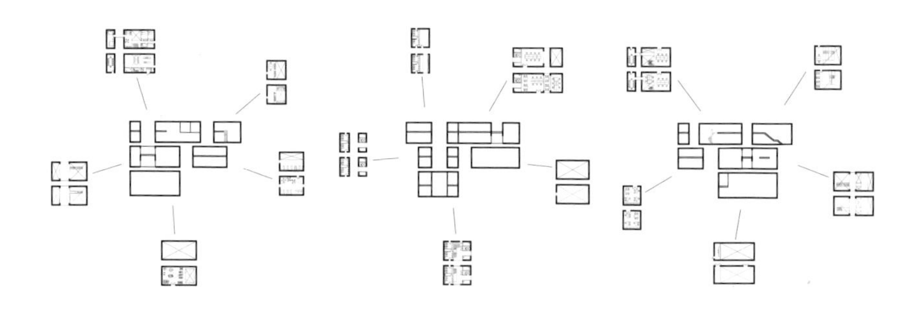

세 개의 매스를 별도로 꼬아서 병렬시키는 대안을 제시했다.

보이드 공간을 포함하여 2개 층씩 묶인 세 가지 기본 형태의 내부공간을 조직했다.

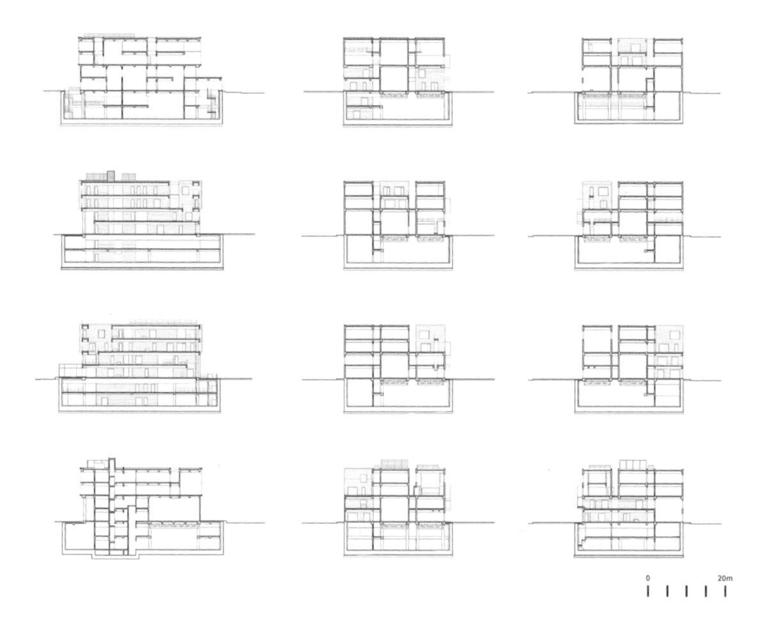

단순한 볼륨, 복합적인 내부 조직으로 구성된 집합 형태의 또 다른 사례를 제안했다.

세 개의 매스가 독자적인 형태를 지닌 병렬 구조체로 완성되었다.

네오텍, 파주출판도시, 계획, 2014

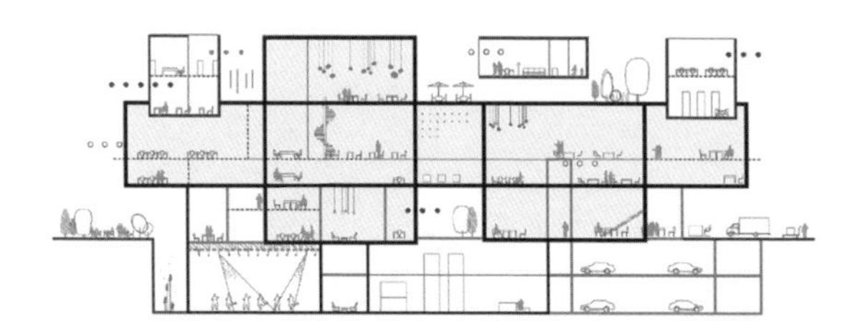

파주출판도시 2단계 독립유형의 필지였다. 2단계의 작업에는 필드블록이라는 열일곱 개의 집합건축 분류가 펼쳐지면서 사이사이 독립유형을 배치하는 건축지침이 있었다. 건물 중앙 2개 층을 비워 뒤편의 필드블록과 연계하는 지침 세부사항이 설계 조건에 추가되어 있었다. 전면으로 유수지를 바라보며 옆으로 넓게 펼쳐진 대지 형상이었다.

네오텍은 아직은 신생 회사였기에 앞으로 어느 쪽으로 확장될지 예상하기 힘든 상황이었다. 따라서 건물의 규모는 대지가 허용하는 최대한을 준비했지만, 활용 프로그램이나 기능은 세부적으로 정리하기 어려웠다. 파주출판도시 안에 모기업이 있기에 여차하면 본사가 이전할 수도 있는 조건이었다. 블특정의 상대에게 임대를 예상하는 프로젝트는 아니었으나, 건물을 활용하는 대안에서 다양한 가능성을 열어야 했다.

세 개의 매스를 기본으로 건축적 포메이션 개념을 다시 실험할 수 있는 프로젝트라 판단했다. 지침이 정해주는 외곽 매스 하나에 모회사와 자회사 두 개의 매스가 내부에서 공존하는 세 가지 매스의 구성을 상정했다. 외곽 매스는 그대로 건축의 볼륨이 되고, 내부 두 개의 매스는 각기 다른 형태로 공존하는 포메이션 집합 형태를 목표로 삼았다.

외곽 매스는 투명한 재료로 마감되는 일반 사무 기능이고, 내부의 두 개 매스는 불투명한 재료로 서로 다르게 마감되는 특수한 기능으로 분류했다. 상층부는 외곽 매스가, 하층부는 내부 매스가 외부에 노출되도록 조정했다. 내부 두 개의 매스를 투명한 외곽 매스가 감싸는 세 가지 형태가 공존하는 집합 형태의 사례로 완성했다.

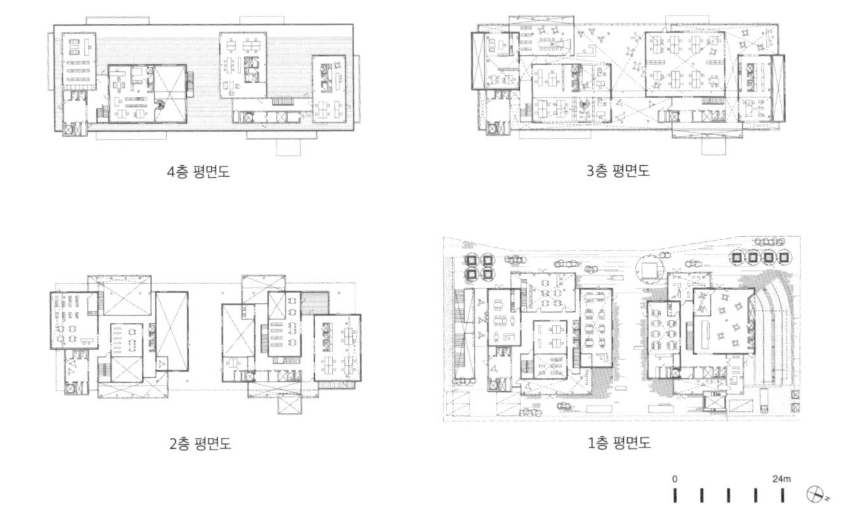

내부 두 개의 매스를 투명한 외곽 매스가 감싸는 세 가지 집합 형태의 사례로 완성했다.

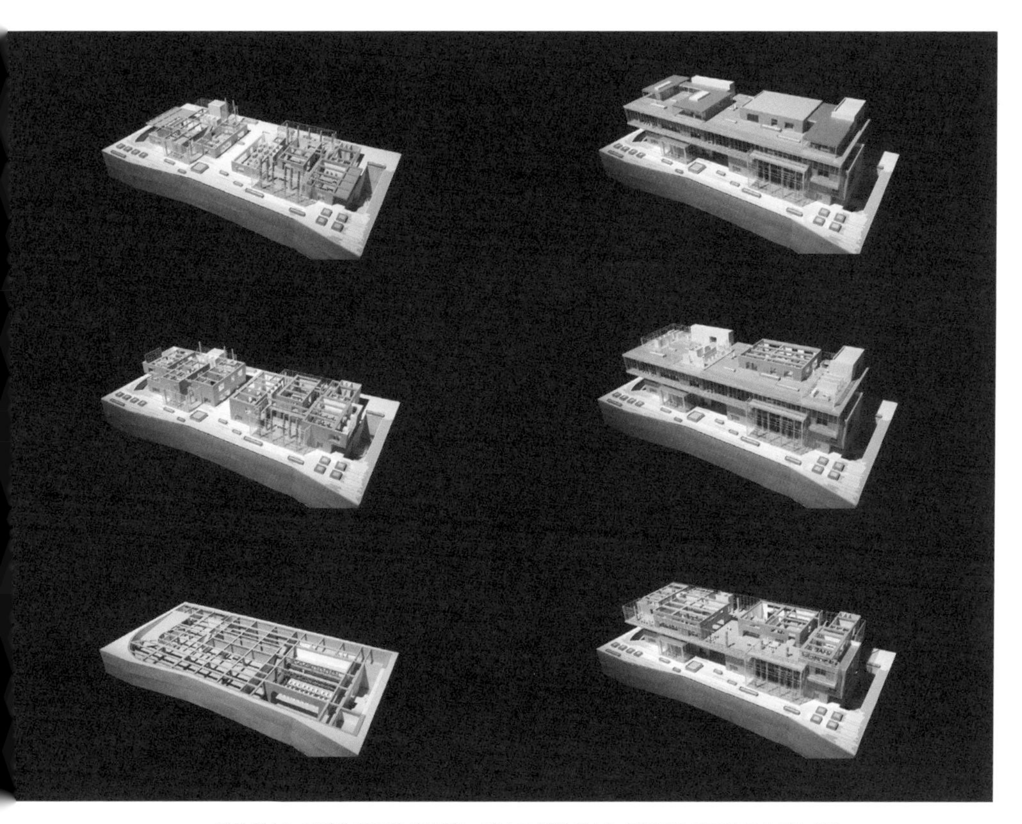

외곽 매스는 투명한 재료의 사무 기능, 내부 두 개의 매스는 불투명한 재료의 특수 기능이다.

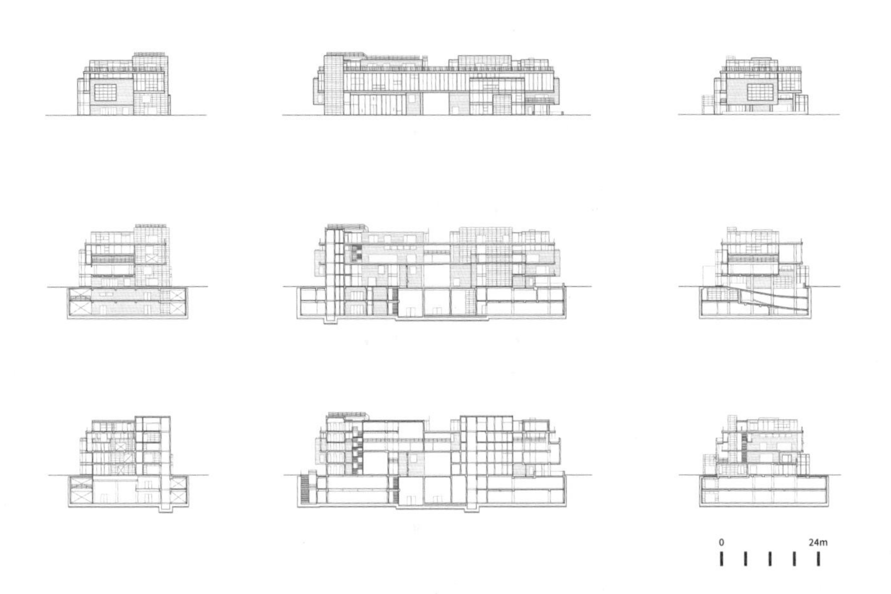

외곽 매스가 건축 볼륨이 되고, 내부 두 개의 매스가 다른 형태로 공존하는 구성이다.

세 가지 매스를 기본으로 변화하는 형태, 건축 포메이션의 개념을 실험했다.

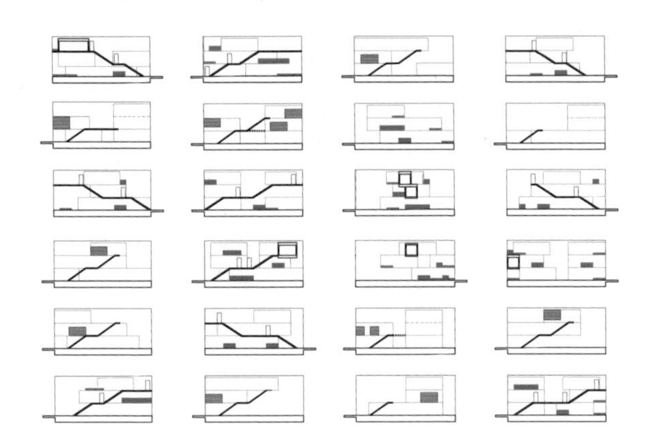

플롯
Plot

안정효의 장편소설《헐리우드 키드의 생애》가 있다. 나중에 영화로도 만들어졌다. 나보다 조금 윗대의 얘기이지만 엄청나게 몰입했던 소설이었다. 정도는 다를지언정 나 역시 소설처럼 빛나는 영상이 몰아가는 환상에 빠져 현실의 누추함을 잊으면서 미래의 꿈을 키웠다. "꿈을 꾸려면 어둠이 필요하지만, 악몽에서 벗어나려면 눈을 떠야 한다는 진리"를 영화라는 매체에서 깨우치면서 성장했다.

초대형 초상화와 무대장치 작업을 하시던 아버지는 지금은 사라진 광화문 시민회관과 국제극장의 영화 간판 작업도 하셨다. 외국 정상이 방문하면 거대한 초상화가 광화문 사거리에 걸리던 시대였다. 아버지 덕분에 일찍부터 영화관에 들락거리는 습관에 익숙했다. 틈나는 대로 아버지를 찾는다는 구실로 영화관 컴컴한 구석 자리에서 현실을 벗어나는 여행을 즐겼다. 영화보다는 일탈하는 삶에 빠졌는지도 모르겠다. 온몸을 감싸던 영상과 사운드만 기억에 남아있다. 어린 시절 낯선 감성의 자극으로 생생했다.

중·고등학교 때부터 홀로 주로 동네 극장을 섭렵했다. 금성극장·도원극장·용산극장 등 주로 동시상영의 영상에서 어둠너머 현장으로 빠져들었다. 용산극장은 당시 청과물시장을 건너는 길 저편에 있었기에 운동화는 초록색으로 물들었다. 지저분한 분위기, 딱딱한 의자, 불편한 냄새, 비오는 화면, 어쩌다 만나는 변태 등 그다지 유쾌하지 않은 등정이었지만, 영화는 그런 모든 남루함을 잊는 마력의 대상이었다.

만주 벌판으로, 서부의 황야로, 그리스 해변으로, 라스베이거스와 뉴욕으로, 김찬삼 여행기를 대신하는 미지의 여행 시간이었다.

20대는 남보다 특별할 거 없는 영화팬이었다. 화제가 몰리는 장안의 영화를 거르지 않았고, 프랑스 문화원과 독일 문화원의 상영관에 가끔 들렀다. 1980년대 초반 사회는 혼란했고 영화에서 안식처를 찾는 주변 분위기가 아니었다. 옆자리에서 같은 방을 함께 사용하던 영화 서클도 그저 바라만 보았다. 현실 도피의 장소가 필요할 때 혼자서 다시 구석을 찾아가는 아련히 남은 노스텔지어의 자리에 영화가 있었다.

뒤늦게 찾아간 영국 생활에서 영화는 다른 얼굴로 다가왔다. 학교의 건축 수업에서 심심치 않게 영화가 언급되었다. 메트로폴리스(프리츠 랑, 1927), 스페이스 오디세이(스탠리 큐브릭, 1968), 블레이드 러너(리들리 스콧, 1982), 비틀 쥬스(팀 버튼, 1988), 숏컷(로버트 알트만, 1993) 등을 인용했다. 건축적 논의에서 영화는 비유와 이미지를 끌어내는 단골 소재였다. 모두들 영화의 영역에 말을 보탰다. 그 시절 건축학도의 우상이었던 렘 콜하스가 영화 시나리오 작가였다는 사실도 관심을 부추겼다.

그저 "사운드 오브 뮤직"과 잘츠부르크, "로마의 휴일"과 로마, "태양은 가득히"와 프랑스·이탈리아의 남부 해변 도시가 몸과 마음으로 익숙했다. 기억의 영역이 그저 도시에 머물렀기에 영화의 배경만 오래 남았다. 슈퍼마켓 봉지를 든 초라한 제레미 아이언스(데미지)보다 유럽 소도시 어디나 있을 법한 익명의 배경이 더 궁금했다. 현실에서 벗어나고 싶은 어렸을 적 욕망이 살아남아 장소로서 환기되는 기억이라고 돌아보았다.

지금은 없어진
광화문 사거리의 국제극장

런던의 학교 근방에는 뮤지컬 극장들이 몰려 있었다. 유명한 BFI(British Film Institute)가 있었고 영화 관련 책방과 구석구석 영화관도 많이 있었다. 학교 수업이 시들해질 무렵, 시간 되는대로 이곳저곳 영화관을 방문하며 시간을 보냈다. 《타임아웃》 주간지에는 역사적인 온갖 상영 영화가 나열되어 있었다. 관성적으로 도시가 주제에 스며든 영화를 선택했다. 베를린·리버풀·런던·뉴욕·파리·베네치아·샌프란시스코… 생각보다 도시를 내세운 영화는 많았다. 영화의 관심은 도시와 배경의 관심과 일치되어 있었다.

어느 날, 북촌의 술집 '소설'에서 한잔하는 중이었다. 서울로 돌아와 한참의 시간이 흐른 후였다. '소설'은 영화 관련 직업의 친구들이 모이는 아지트였다. 홍상수 감독의 영화 "북촌방향"(2011)에 묘사된 그대로의 장소였다. 마침 부산영화제 기간이었고, 누군가 부산에서 아일랜드 영화감독 한 분을 모셔 왔다. '소설'에서는 그런 자리가 자주 있었기에 그저 의례적으로 인사했다. 그는 닐 조던(Neil Jordan) 감독이었다.

런던 시절 섭렵하던 영화 중에 "트레인스포팅"(1996)이 있었다.

스코틀랜드 여행의 황량한 풍경이 마음에 남았기에 도시적 배경이 궁금해 선택한 영화였다. 영어는 영어인데 거의 알아듣지 못하는 영화(나중에 번역 자막으로 다시 보았다)였다. 동반했던 미국 친구가 반도 못 알아들었다고 얘기할 정도였다. 강한 스코티시 억양을 현실의 삶이 아닌 영화에서 처음 접했다. 현실의 도피가 아니라 되려 영화에서 현실을 실감하는 반전의 프로세스를 경험했다. 도시적인 특성 대신 현실에서 만나기 어려운 리얼한 삶의 현장으로 배경이 치환되었다. 도시보다 사람과 사건과 장면(음악도 함께)들이 천천히 눈에 들어왔다.

그후 아일랜드 여행을 다녀왔다. 그때 런던에서는 가끔씩 IRA(Irish Republican Army) 테러가 벌어졌기에 영국의 복잡한 정치적 지형을 모른 체하기 어려웠다. IRA가 영국과 평화회담을 시작했고 신페인(Sinn Fein)이라는 제도권 정당이 결성되었다. 저녁 뉴스에는 신페인 대변인 게리 아담스가 거의 매일 등장했다. 강한 아일랜드 억양, 그의 독특한 악센트를 들으며 아일랜드(북아일랜드) 상황을 이해했다. 그와 비슷한 톤으로 아이리시 영어를 구별했다.

그러다가 인생의 영화 닐 조던의 "크라잉 게임"(1992)을 만났다. 북아일랜드 도시 현실의 일상이 배경인 영화였다. 밖에서 멀리서 보는 시각이 아니라 내부에서 가까이 보는 시선이 영화를 지배했다. IRA 테러, 흑백인종, 이솝우화, 리마 증후군, 보이 조지, 트랜스젠더 등 시대적 논쟁을 엮어 도시를 잊을 만큼 촘촘한 장면들이 돋보였다. 같은 공간을 살아가는 내 주변 인간의 무수한 단편 조각들이 녹아 있었다. 도시나 삶의 배경이 꼭 정제되지 아니어도 될 일이었다. 영화를 벗어나 도시와 공간의 역할, 내가 작업하는 건축의 역할까지 다시 되돌아보는 계기였다. 닐 조던 감독은 그날 만취하였고 마지막에 '대니 보이' 노래

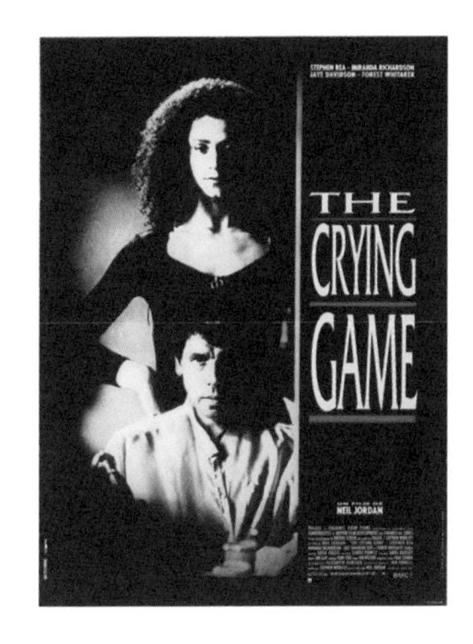

닐 조던 감독의
"크라잉 게임" 포스터, 1992

까지 부르고 '소설'에서 퇴장하였다.

그래봐야 내가 몰입하는 영화는 계속 건축가의 시각에서 벗어날 수 없었다. "대부"(1972, 1974, 1990)나 "시네마 천국"(1988)의 시칠리아 마을을 방문했고, "히트"(1995)의 LA 거리와 "더록"(1996)의 샌프란시스코 언덕을 비교했다. "화양연화"(2000)의 홍콩과 "그녀에게"(2002)의 스페인 도시들을 탐구했다. "오직 사랑하는 이들만이 살아남는다"(2013)의 디트로이트·탕헤르, "더 그레이트 뷰티"(2013)의 로마를 기억에 첨부하였다. 더 많은 도시적 풍경을 영화에서 발견했고, 서울의 오래전 풍경까지 영화에 발 딛고 들여다보았다. 조금씩 영화적 장면 혹은 대사에서 도시와 건축의 논쟁을 연결하는 지점들도 생겼다.

"아폴로 13호"(1995)는 중요한 건축적 메시지가 들어있는 영화였다. 달까지 접근했다가 산소통이 폭발하는 바람에 어렵게 다시 지구로 돌아오는 실제의 역사를 영화로 그렸다. 작은 탐사선으로 옮기면서

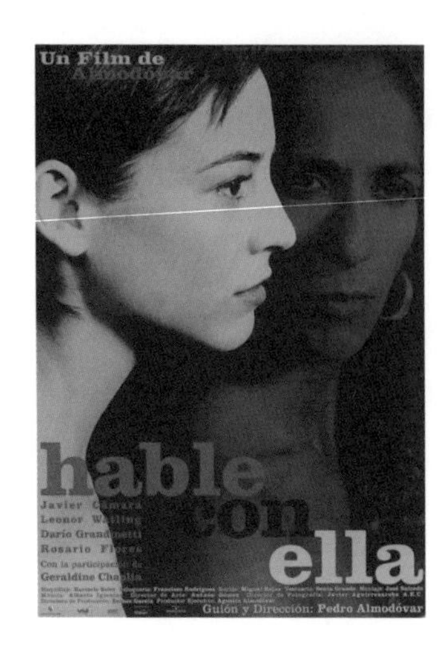

페드로 알모도바르 감독의
"그녀에게" 포스터, 2002

전력 문제, 식량 문제, 재착륙의 문제, 공기 정화기의 문제를 하나씩 극복하고 무사히 귀환하는 과정이 영화로 생생하게 재현되었다. 그냥 스쳐 지나갈 법한 아폴로 계획 '성공적인 실패'의 역사를, 영화로서 여러 사람의 마음에 강력히 각인했다. 수려한 영상으로도 주목을 받았다.

무엇보다 실제의 스토리라 믿기지 않을 만큼 잘 짜인 공기 정화기 교체의 에피소드가 눈길을 끌었다. 사각형 정화기를 원형의 정화기로 수리하는 장면이었다. 사각을 원형에 맞추기 위해 우주선 내부의 모든 물건이 머나먼 지구에서 테스트되었고, 결국 그곳 우주선의 물품만으로 정화기 수리하는 방법을 찾아낸다. 건축에서 '현실'을 전제하는 설명으로 이보다 더 좋은 비유는 없을 거라는 생각이 들었다. 현실의 바깥에 있는 아무리 유용한 해법이라도 눈앞의 건축적 실현에 아무런 도움이 안 된다는 사실을 되새겼다. 아무리 어려워도 건축적 해답은 현실 안에서 찾아야 하는 나의 자리를 확인했다.

"라이언 일병 구하기"(1998)는 또 다른 건축적 메시지의 영화였다. 2차 세계대전에 참전한 세 아들의 막내를 제대시키려고 전쟁의 소용돌이를 뚫고 가는 이야기이다. 바라보기 불편한 전쟁의 참상이 영화에서 생생하게 그려졌다. 그들이 독일군과 마지막 전투를 치르기 전 폐허에서 보내는 잠시의 휴식 시간 장면이었다. 라이언이 형제들 얘기를 하다가 그들 얼굴이 생각나지 않는다고 고백한다. 그때 톰 행크스는 '컨텍스트'를 생각해보라고 너무나 중요하고 의미 있는 단어를 꺼냈다. 나머지 줄거리를 잊어버려도 될 만한 중요한 장면으로 기억에 남았다.

컨텍스트는 일상을 넘어 건축에서도 자주 쓰이는 용어이다. 문맥주의(Contextualism)는 영화에서는 사회·정치·문화적 맥락을 의미하고, 건축에서는 역사나 기존 주변의 주로 도시적 맥락을 의미한다. 건축적 자세로서 컨텍스트는 항상 작업의 화두 맨 앞자리 어딘가에 있었다. 그렇지만 실제의 작업에서 구체적으로 짚어내기 어려운 용어였다. 라이언은 컨텍스트를 생각하고 형제의 얼굴을 떠올린다. 전쟁영화에서 엉뚱하게 컨텍스트라는 고민의 단어를 맞닥뜨렸고, 또 다른 맥락으로 건축과 영화의 연결 지점으로 각인되었다. 컨텍스트를 깊이 생각하면 작업의 실마리가 발견된다는 기본 원칙을 자주 떠올린다.

영화판의 친구들과 나누는 얘기가 쌓이면서 영화 현실의 이해도 조금씩 늘어났다. 영화 산업의 속성, 갑자기 한국 영화가 떠오른 이유, 영화 음악의 프로세스, 영화 미술의 가치, 드라마와 영화의 차이 등 여러 얘기를 주워들으면서 건축의 시스템과 비교하며 지냈다. 영화판의 정년, 대형 영화사의 독주, 영화제작사의 부침, 영화로 먹고사는 어려움은 건축계의 현실과 크게 다르지 않았다.

영화가 만들어지기 전, 아직은 최종 완결되지 않은 시나리오를 검토하는 기회도 생겼다. 하나의 영화가 나오기까지 오랜 시간 뜸 들이고 수정하면서 바뀌어 가는 지난한 프로세스를 생생하게 참관하였다. 영화상 제도를 개혁한다고 순전히 건축상 수상의 과정을 참조하는 전달자로서 심사위원에도 참여했다. 엄청난 양의 영화를 보면서 건축상을 선정하는 과정과 대조하면서 좋은 영화와 좋은 건축의 조건들을 비교했다.

차츰 영화를 보는 시각에서 영화를 만드는 시점으로 생각이 전이되었다. 완성된 영화의 원전 시나리오도 찾아보았고, 시나리오 이전 소설 원작도 거꾸로 읽어보았다. 샷(Shot), 신(Scene), 시퀀스(Sequence) 등 영화의 여러 조각이 선명해졌다. 건축을 해체해 조립하는 과정과 유사성을 느꼈다. 전혀 다른 장르이지만 무언가 없던 것을 창작하는 실마리·자세·구성·현실화, 그러면서 끝까지 남겨야 하는 선택 등 건축의 접근 방식으로 유추했다.

영화뿐 아니라 음악·미술·연극·무용까지 창작하는 방식에서 건축적 실마리를 찾는다는 얘기를 들은 적은 많았다. 누구는 음악적으로 누구는 미술적으로 영감을 얻는다는 글도 읽은 적 있다. 전혀 다른 문법으로 두리뭉실하게 건축 작업을 설명하는 글에 반감이 있었다. 머나먼 뜬구름 속에서 작업을 설명하는 관점에 전혀 공감하지 못했다. 참조와 연결의 관계를 명확히 정리하는 논리가 있어야 한다고 생각했다. 거기서 플롯이라는 개념이 다가왔다.

스페인 그라나다의 알함브라 궁전은 도합 다섯 번쯤 방문했다. 혼자서, 친구들과, 건축 답사의 안내자로서뿐 아니라, 시간대와 계절을 달리해 진행된 건축여행에서 여러 차례 반복된 목적지였다. 1492년 이

알함브라 궁전, 그라나다, 스페인

베리아반도에서 무어인을 쫓아낸 소위 레콩키스타(Reconquista, 국토회복운동)의 마지막 보루로도 유명하다. 마드리드 건축대학에는 보수공사 때 가져온 알함브라의 장식벽 일부가 스페인 건축의 상징처럼 전시되어 있다.

여러 차례의 방문이 꼭 나의 의지는 아니었다. 스페인을 방문하는 사람들 모두가 꿈꾸는 답사 목적지였기에 어쩔 수 없이 그들에 끌려 방문한 적도 있었다. 시간이 흐르면서 아랍의 문화, 중정형 건축, 장식의 디테일, 정원 디자인, 내외부 공간의 연계 등 갈 때마다 조금씩 보는 시각이 추가되었다. 언덕 건너편에서 바라보는 풍경도 집중하는 초점이 달라졌다. 그래도 나스르 궁전의 건축적 핵심이 무엇일까의 의문은 한결같이 계속 남았다.

알함브라 궁전을 방문하는 길에 항상 같이 답사하는 건축이 있었다. 코르도바의 메스키타(Mezquita)였다. 여러 차례 증축된 모스크에 성당을 끼워 넣은 특이한 건축이다. 알함브라와 가까운 거리이기도 하고 아랍의 유적으로서 대개 같이 묶어 방문했다. 차츰 두 건축을 동일

메스키타 사원, 코르도바, 스페인

선에 놓고 바라보게 되었다. 아랍 문화에 스페인 색채가 묻은 변이에다, 다양성이 내재된 건축적 구성에 관심이 중복되었다. 두 가지 건축의 핵심을 비교하는 감상이 오갔다.

무엇으로 이런 건축을 묘사하고 기억하고 건축적 아이디어의 도구로 저장할지, 건축적 개념이 무엇인지 자주 되돌아보았다. 단위의 건축이 모여있는 일체의 구조, 기본 패턴이 연장된 일체의 구조, 그런 집합의 논리를 설명하는 건축적 개념에 집중하였다. 반복적으로 나열한 공간의 집합인데 반복의 단조로움이 보이지 않았다. 그렇다고 단위 공간을 성장시켜 조직한 단순한 구성도 아니었다. '플롯'이라는 단어를 다시 떠올렸다. 그러한 구성의 핵심을 설명하는데 가장 적절한 단어라 생각했다. 같은 장치(혹은 공간·형태)를 반복하는 어떠한 플롯이 거기에 있을 거라고 추론했다.

플롯은 영화뿐 아니라 소설에서도 자주 쓰이는 단어이다. 스토리를 만들어가는 방법론쯤으로 설명된다. 구성이라는 단어로도 번역되지만 온전히 의미를 대체하지는 못하기에 그냥 플롯으로 쓰인다. 이야기를 이끌어가는 시간적 순서를 대체하는 어떠한 구성의 방법, 그쯤 어디의 의미라 생각했다. 플롯 자체보다는 플롯의 장치나 유형 등 적용의 수단에 관심을 두었다.

플롯 유형을 다섯 가지 혹은 아홉 가지 심지어는 스무 가지 유형으로 나누는 기법도 찾아보았다. 시간과 공간이라는 맥락에서 발생하는 사건을 인과관계적으로 배열하는 방식으로서 여러 가지로 분류한 것이라 설명되어 있었다. 독립되어 보이는 사건·인물·배경을 연결해주는 방식을 창작의 수단으로 정리한 내용이었다. 기본 구성 외에도 다양하게 뻗은 가지가 있었다. 플롯과 건축의 상관관계를 생각했다.

영화에서는 한술 더 떠서 시각적 청각적으로 조직하는 작업까지 플롯의 의미나 역할이 확대되어 있었다. 영화는 언어 플러스 영상과 음향을 매체로 하기에 당연히 소설의 플롯과 같을 수는 없다. 언어로 유리한 방법론과 영상과 음향이 유리한 방법론 역시 차이가 있다. 더불어 감상하는 여건이나 작품을 대하는 자세 등의 차이도 무시할 수 없을 것이다. 소설이 영화화되었을 때 느끼는 괴리감은 그만큼 다른 플롯 때문이라 받아들였다.

건축에서도 플롯이라는 단어를 사용한다. 주로 도시 작업에서 건축의 필지를 나누는 방식에서 사용한다. 도시의 패턴과 형태 등이 플롯을 매개로 적용된다. 건축의 구상을 요약하는 배치도를 '플롯 플랜(Plot Plan)'이라고도 한다. 대개는 '사이트 플랜(Site Plan)'이라고 배치도를 번역하지만 플롯 플랜이 쓰이기도 한다. 사이트 플랜이 좀 더 대지 외부공간을 의식한 관점이라면, 플롯 플랜은 건축에 집중한 관점에서 다르게 쓰이는 용어라 막연히 짐작했다. 플롯이 매우 실무적인

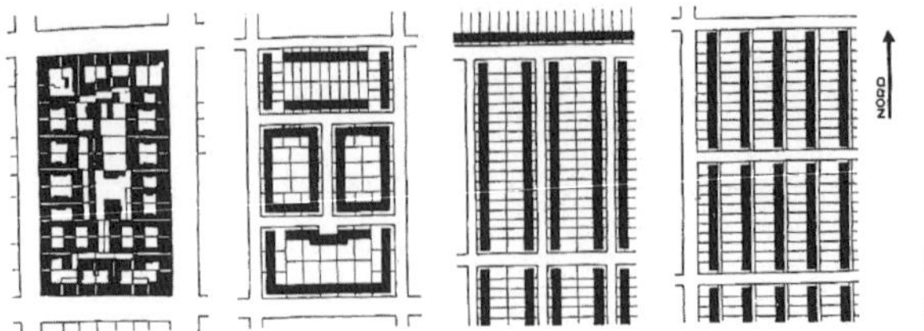

도시 구상에서
플롯 나누기의 패턴 사례

단어에 그치고 있으나 건축의 전개나 구성의 대략적 의미는 내재한다고 느꼈다.

건축의 작업에서 집합 형태의 목표를 발견한 이래, 여기에 다가서는 뚜렷한 개념의 원천을 항상 주시하고 있었다. 조형의 결과 안에 감추어진 작업의 뿌리를 항상 추적했다. 유사한 조형에서 보이는 다양한 선례를 분석하고 나름 축적했다. 집합 형태, 집합 건축의 새로운 갈래를 기대하면서 다양한 대안들을 계속 검토했다. 플롯의 개념, 그것의 주변 언저리에서 건축적 번안의 가능성을 발견했다. 알함브라와 메스키타의 건축적 핵심은 플롯이라는 생각으로 정리하였다.

근대 이후 도시화가 진행되면서 전통적 건축 개념의 원천인 땅의 논리는 많이 중화되었다. 도시의 밀집, 타불라 라사(Tabula Rasa, 비어있는 판)의 조건은 당연히 땅의 속성이 거세된 대지 형상만을 남겼다. 당연히 새로운 접근 방식이 모색되었고, 땅의 위상이 프로그램 논리로 대체되는 대안이 증가했다. 프로그램을 분류하고 조정하는 접근에서 다양한 건축적 방법론이 파생되었다. 대다수의 건축 작업에 무리없이 적용할 수 있는 대안이었고, 집합 형태의 축으로 펼쳐나갈 자리도 열려 있었다.

건축을 프로그램(혹은 기능·속성·사용자 등)으로 나누고 분류하는 작업을 전제하니 패턴·배치·구성·단순·복합·연계 등 플롯의 논리가 파고들 여지가 보였다. 건축적 플롯이란 형태 요소들을 나누고 반복하고 그들 연계의 줄거리를 구성하는 방법론이라 정리하였다. 건축이 여러 가지 요소(씬)로 구성된 하나의 조형(스토리)이라면 그들 부분적 공간(시퀀스)을 연계하고 조정하는 설계 기법은 당연히 플롯의 범주였다. 플롯에서 출발해 한참을 돌아 결국 집합 형태를 다루는 원천의 도구 하나를 장착하였다. 플롯의 개념을 지렛대 삼아 몇몇 작업을 진행했다.

발렌시아 TD-05 공동주거, 계획, 2004

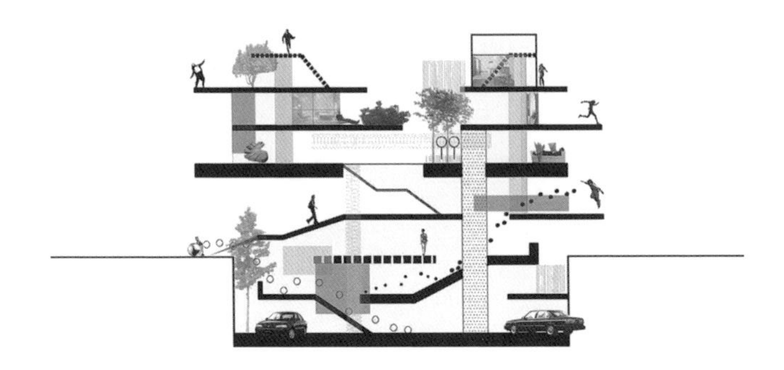

스페인 발렌시아 남쪽에 짓는 공동시설을 포함한 30세대의 주거 프로젝트였다. '소시오폴리스'라는 이름으로 고층 고밀도의 일반적인 아파트 단지에다 저밀도 약 20여 동을 보존지역 안에 건립하는 계획이었다. 저밀도 주거 모델에는 스페인 건축가뿐 아니라 여러 국적의 건축가가 초청되었다.

20개 동 담당 건축가마다 독립적인 위치와 독자적인 주거 유형이 주어졌다. 로마 시대부터 이어온 수리 관개시설을 보전하고자 각자의 프로젝트는 서로 멀찌감치 떨어져 있었다. 낮은 공사비, 건물의 볼륨 규정 외에는 설계에 제한이 없었다(물론 나중에 달라졌다). 여러 차례 회의·협의·전시 등을 거쳐 사회적(임대) 주거시설로서 기본 설계안을 제시했다.

공동주거라는 프로그램은 기본적으로 세대별로 독립된 구조이다. 현장과 프로그램을 분석 끝에 수평 10개, 수직 3개 층 도합 30세대를 조직하는 플롯의 개념을 생각했다. 건물 남북 양단을 하나의 세대가 점유하는 기본 골격에, 사이사이 수직으로 각 세대를 연결하면서, 외부공간을 매개로 수평과 수직의 연계를 조직하는 프로젝트로 개념을 발전시켰다. 10개의 좁고 긴 단위 세대가 3개 층(주거 아래 2개 층은 공동시설) 적층되는 구성 안에서 다양하게 서로 연계되는 대안이었다.

30세대 각각은 외부공간을 매개로 수평과 수직으로 엮이는 플롯의 단위 공간으로 설정했다. 수평은 10개 기본의 단위가 반복되는 구성, 수직은 중정의 위치와 크기에 따라 3개 층 기본의 단위가 조정되는(수직 방향으로도 햇빛을 받을 수 있도록) 구성이었다. 30개의 단위공간이 서로서로 엇물리면서 서로 다른 평면으로 대응하는 공동 주거 하나의 사례를 완성하였다.

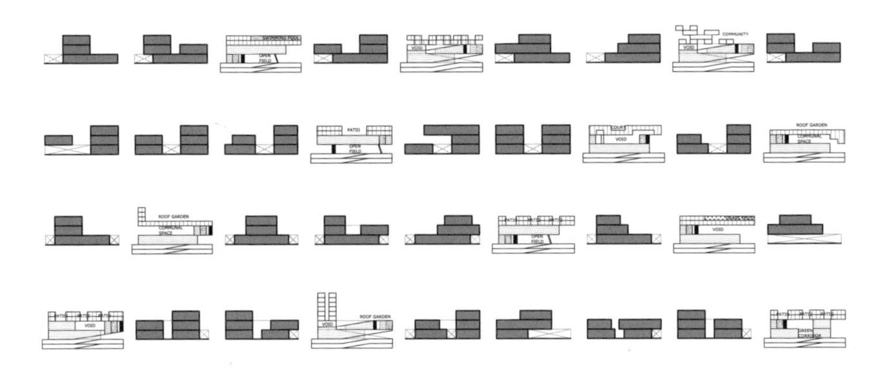

좁고 긴 단위세대가 3개 층 적층되는 구성 안에서 다양하게 조직되었다.

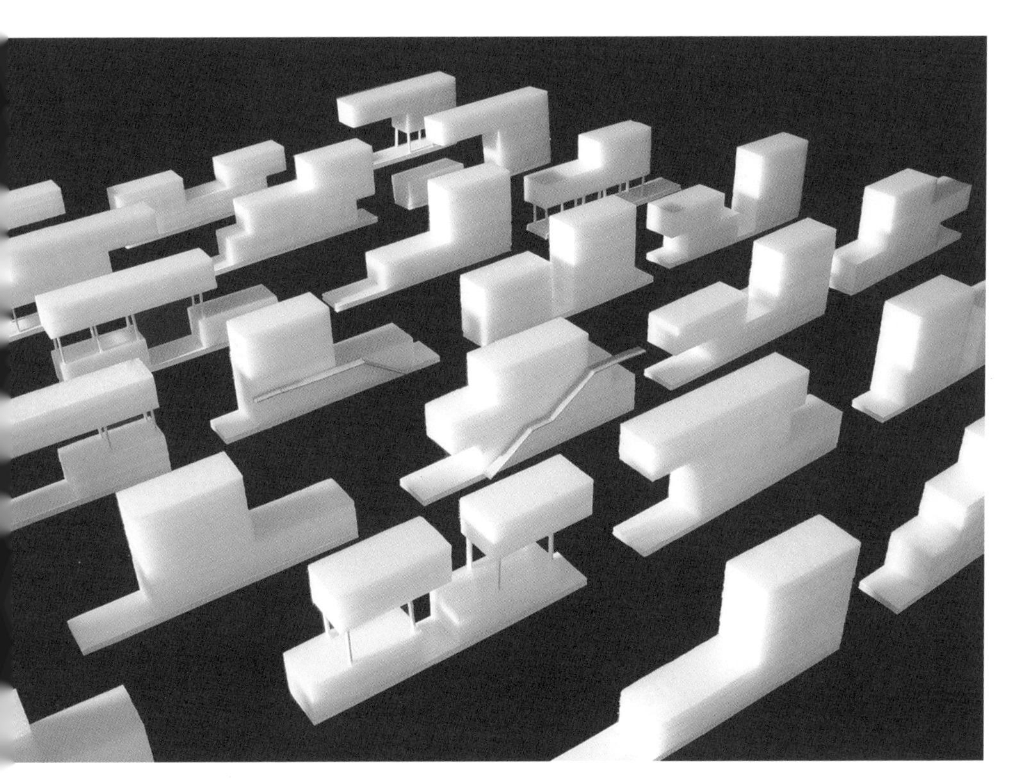

중정의 위치에 따라 기본 10개 유닛, 3개 층이 적층되는 다양한 수직적 구성을 검토했다.

각 세대는 외부공간을 매개로 플롯의 개념으로 수평과 수직으로 연계된다.

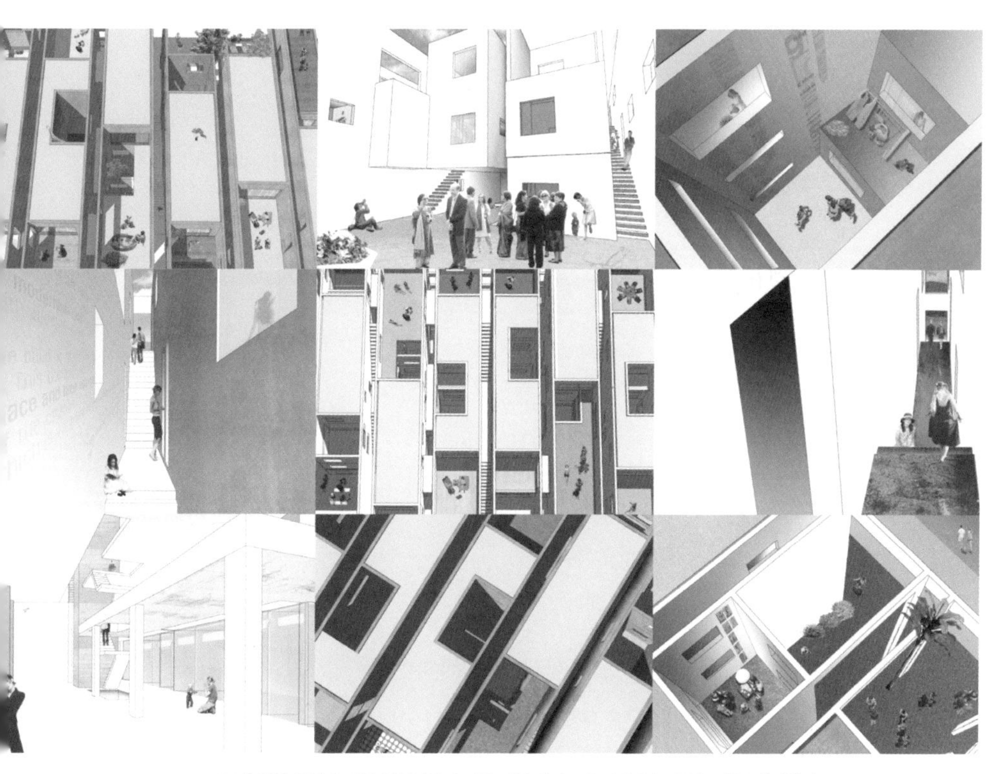

30개 단위 공간이 서로 엇물리면서 서로 다른 평면으로 대응하는 공동주택을 제안했다.

파주 상업시설, 스터디, 2006

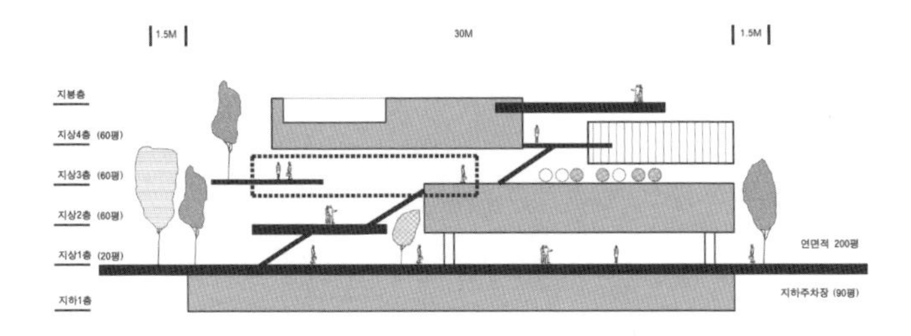

파주 2단계 작업 진행 중에 인쇄지구에 위치한 10개의 소형 상업 필지의 건축지침을 발전시킨 프로젝트였다. 출판 영상 지구의 대형 상업 필지(롯데마트로 통합 개발되었다)에 비해 작은 단위 규모(200여 평), 상대적으로 불리한 주변 여건 때문에 개발이 정체된 필지였다. 2단계 산업 필지와 마찬가지로 블록 단위로 묶어 개발하는 실험적 대안을 검토했다.

5개 필지씩 도로에 의해 두 군데로 나뉜 상업지역은 거의 대칭 형상이었다. 한쪽 편의 대안을 진행해 다른 쪽으로도 연장 가능한 집합상가 유형을 지향했다. 필지를 통합해 100평의 대지지분, 약 12개의 상가 집합 건축으로 조정했다. 하나하나 개별로 건축하는 대신 통합된 건축을 전제했다. 개별 상가는 지하주차장 별도 독립된 약 200여 평의 내부 공간을 배타적으로 소유하는 구조였다.

12개가 하나로 합쳐진 상업 건축의 집합 형태를 구상했다. 하나의 건물 내부를 12개로 나누는 대신, 12개의 건물이 합쳐진 집합의 구성을 상정했다. 12개의 단위 공간은 당연히 각기 다른 건축으로 독립성을 지니도록 조정했다. 각각의 건축은 별도의 주차장, 별도의 진입, 내부 오픈 스페이스, 옥상정원을 기본으로 12개의 차별된 공간적 특성을 지닌다. 연계된 플롯이지만 각자의 작은 플롯 12개가 집합되는 옴니버스의 시나리오를 유추했다.

기본 골조만 함께 작업하고 외부 입면부터 인테리어까지 각자 마감하는 시공 프로세스를 제시했다. 기본 예시를 바탕으로 최종 마감은 건축주나 프로그램의 개성이 드러나는 상업건축의 유형을 목표했다. 협의 과정에 조합이 개입하는 절차는 산업 필지와 동일한 규약을 따르도록 지침을 두었다. 하나의 영역 안에서 12개의 서로 다른 개성이 어우러지는, 작지만 새로운 상업건축 집합 형태의 사례를 완성했다.

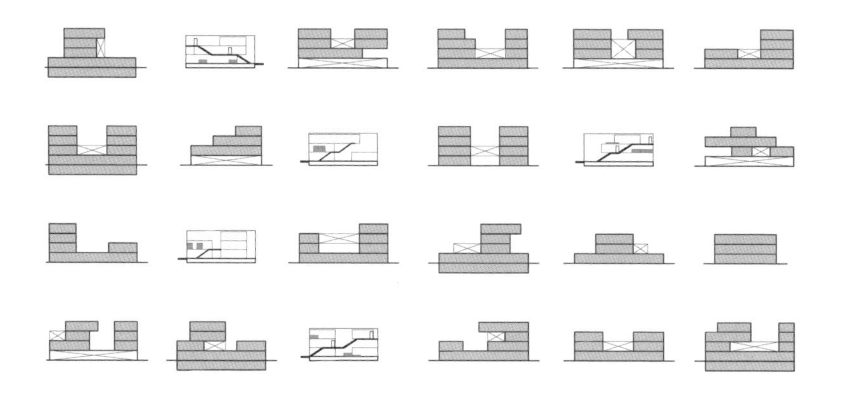

12개의 단위 공간 스터디, 각기 독립된 건축의 단면적 특성을 지닌다.

연계된 플롯이지만, 각자의 작은 플롯 12개가 집합 형태로 모이는 시나리오를 유추했다.

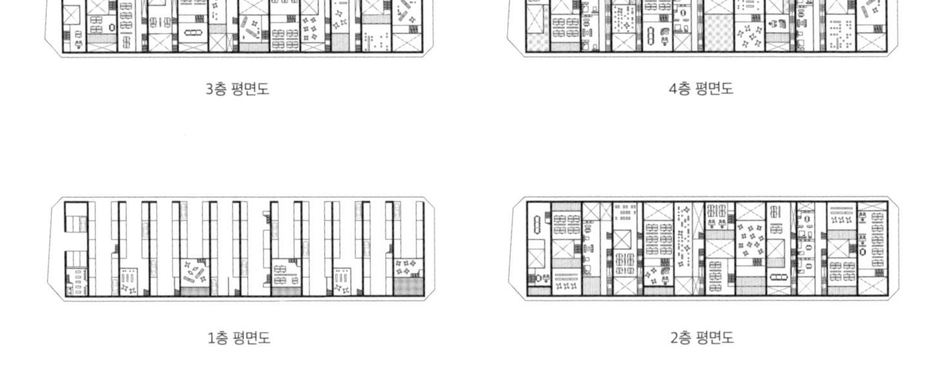

3층 평면도

4층 평면도

1층 평면도

2층 평면도

개별 상가는 지하 주차장 별도 약 200여 평의 내부공간을 배타적으로 소유한다.

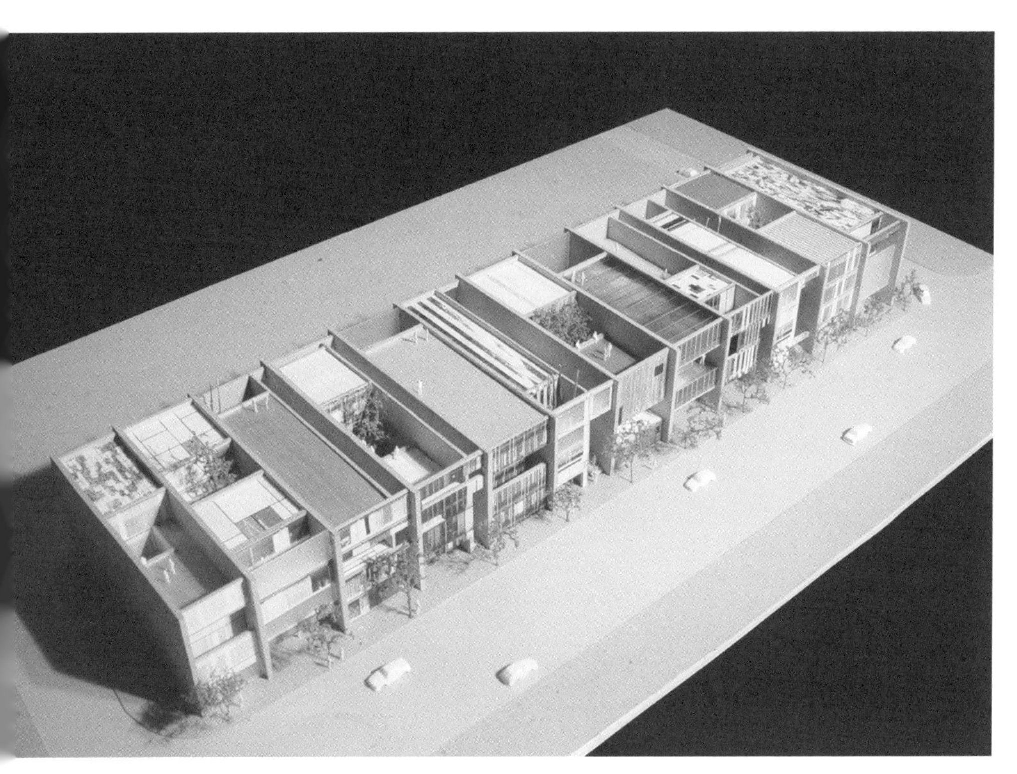

기본 골조만 함께 작업하고 외부 입면부터 인테리어까지 각자 마감하는 전략이었다.

휴맥스 연수원, 계획, 2013

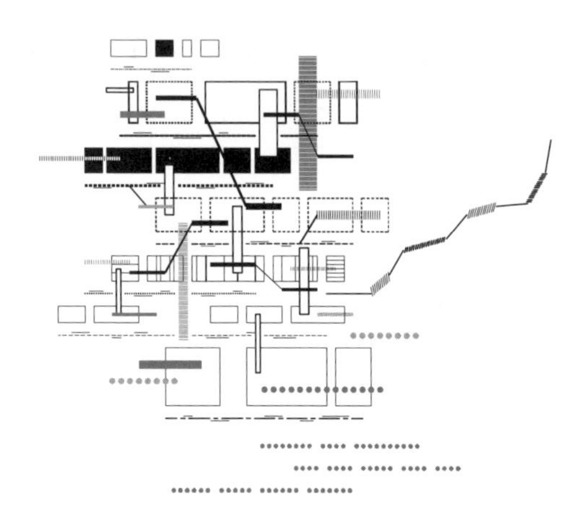

휴맥스는 셋톱박스 기기의 세계적인 기업이었다. 새로운 기업 문화에 관심이 많았고, 무엇보다 연수라는 연례행사를 직원 재교육보다는 직원 재충전의 시간으로 전환하고자 노력하는 회사였다. 연수의 규모별로 다양한 프로그램과 세부 대안을 마련하고 있었다. 그러한 연수 기능에 대응하는 연수원 건축 프로젝트였다.

부지는 과수원으로 쓰던 땅이었다. 북한강변에서 높은 언덕(산지)을 넘어 진입하면 차츰 평평한 대지를 만나고 거기서 다시 휘돌아가는 북한강을 만나는 땅이었다. 평지에는 아직 사과나무가 줄지어 남아있었다. 부지의 반 이상이 경사가 심한 지형이었다. 평지는 야외 행사의 프로그램 영역으로 남기고, 연수원 건물은 경사지를 활용하는 대안으로 구상을 시작했다.

연수원의 요구 프로그램은 기본적으로 행사용 공간, 숙소 공간, 이를 서비스하는 공간으로 조정할 수 있었다. 두 단계에 걸쳐 공사를 진행하는 계획 때문에, 세 가지 성격의 공간은 다시 둘로 나뉘었다. 기본적으로 상부 숙소 공간, 중층 행사 공간, 하부 서비스 공간으로 구분된 기본 단위의 별동이 반복되는 구조를 상정했다. 3개 층짜리 네 개 동이 경사지에 순응해 일렬로 배치되는 기본 조직을 구성했다.

일련의 동별 사이 외부공간, 이를 관통하는(하나의 동은 다시 세 개의 매스로 나뉜다) 경사 계단의 외부공간이, 4열의 별동 구조와 어우러지도록 건축적 플롯을 조직했다. 연수원의 기능을 분석하고 사용되는 방식에 기반해 분절되고 연계되고 통합되는 내외부 공간을 제안했다. 외관은 내외부 조직이 드러나는 집합 형태로서 단일 재료의 단순한 자세로 마무리했다.

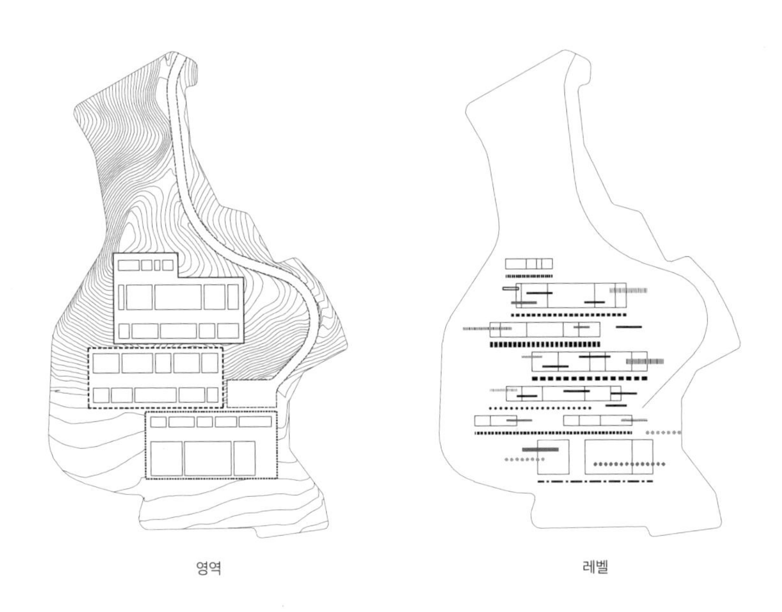

영역 레벨

숙소, 행사, 서비스의 공간으로 구분된 기본 단위의 별동이 반복되는 구조를 제시했다.

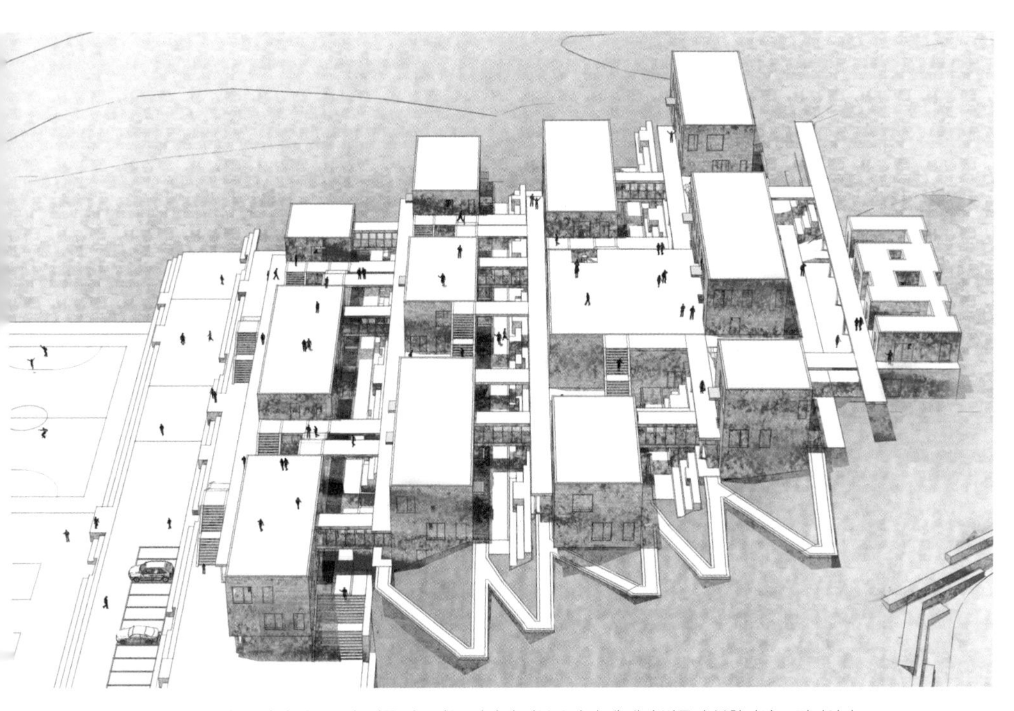

동과 동 사이 외부공간, 이를 관통하는 경사의 외부공간이 네 개의 별동과 복합되어 조직되었다.

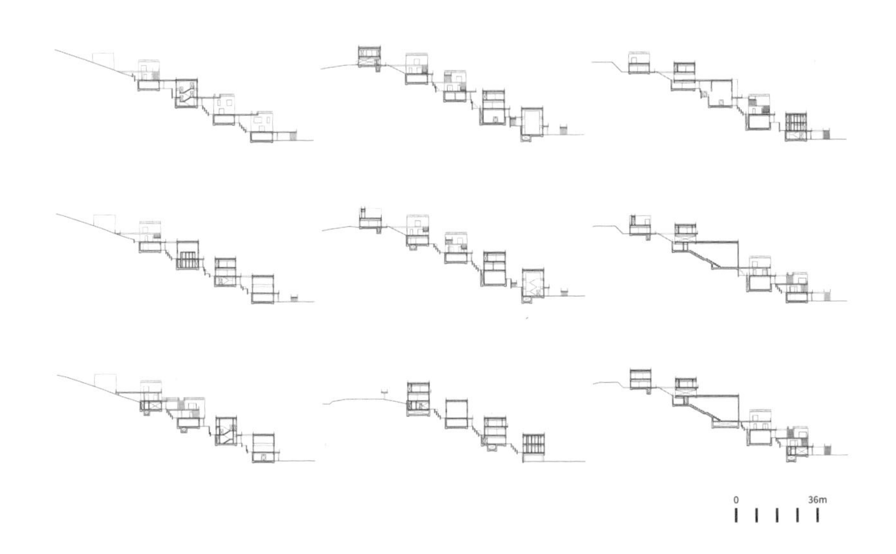

3개 층짜리 네 동이 경사지에 순응해 배치되는 기본 조직을 제안했다.

연수원이 사용되는 방식에 기반해 분절되고 연계되고 통합되는 내외부 공간의 플롯을 제시했다.

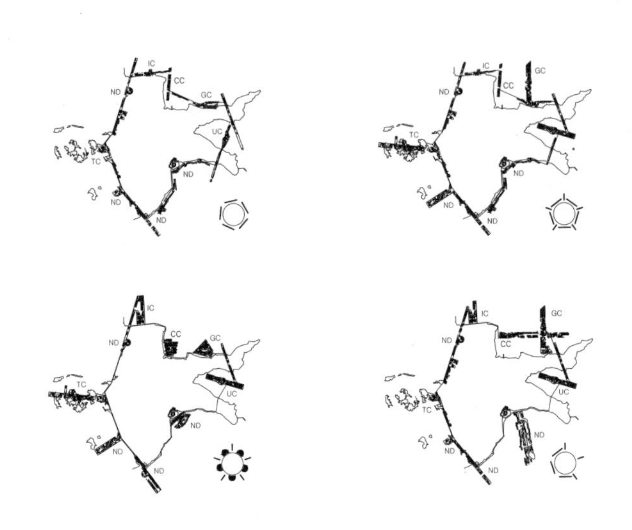
IC
CC
ND
GC
UC
TC
ND
ND
ND
IC
GC
ND
CC
TC
ND
ND
ND
IC
CC
ND
GC
TC
UC
ND
ND
ND
IC
GC
ND
CC
UC
TC
ND
ND
ND

흐름의 선

Flow Line

독서 모임에 나가기 시작했다. 한 달에 한 번 돌아가면서 여섯이서 각자 추천한 책을 읽고 술자리에서 자유로운 독후감을 나누는 모임이다. 이제는 서로 나이를 먹을 만큼 먹었고 어느새 현업에서 멀어지는 시간을 보내는 분도 있는지라, 책이라는 대상도 예전 우리가 바라보던 위치에 있지는 않으리라 가볍게 생각했다.

얇은 책, 무거운 책, 자신의 저서, 모임에 부를 수 있는 친구의 책까지 선택이 다양했다. 비슷한 시대를 살아온지라 공감하기 쉬운 책도 있었고, 전혀 관심을 두지 않던 생소한 분야의 책도 접했다. 감동이나 영향 등 기대를 덮고 나서인지 그냥 세상을 바라보는 남들의 시각을 느끼는 시간으로 만족했다. 대단한 술자리인 듯 핑곗거리도 만들었다.

내가 추천하는 시간이 되면 대개 눈앞에 있는 책을 추천하고 넘겼다. 그러다 책장을 둘러보게 되었다. 사무실 내 방 한쪽에 모아놓은 책, 여러 차례 이사 다니면서도 차마 버리지 못한 책들이었다. 일부는 없어졌겠지만 대학생 때부터 쌓아놓은 선택의 취향과 역사가 먼지 낀 채 고스란히 남아있었다.

국민학교 시절, 잠시 큰댁에서 할머니와 같이 살던 시기가 있었다. 큰아버님이 맹호부대 군인으로 월남에 파병 가시거나 전방을 돌아다니셨기에 비슷한 나이대 사촌들과 대가족으로 함께 지냈다. 사진을 보면 할머니와 마당에 꽃도 심었고, 사촌들 앞집 옆집 친구들과 여기저기 놀러도 다녔다. 그러나 또렷한 기억이 없다. 그 시절 서울 변두리 신시가지의 삶 어디나 비슷했듯이, 먼지 날리고 비 넘치고 벌레에 질척질척한 도로에 80명이 넘는 학급, 어디에도 정 붙이기 힘들었다.

큰 아버님의 서가에 꽤 많은 책이 있었다. 《청록집》, 《백범일지》, 《돌베개》 등 무슨 내용인지도 모르고 꺼내 읽었다. 제목으로 기억하는 책들이다. 책장의 이쪽 윗단에서 저쪽 맨 아래까지 등표지만 돌아보면서 하루를 보낸 적도 많았다. 지구의 역사를 컬러 그림으로 서술한 책은 자주 꺼내보는 최애 장서였다. 두꺼운 국어사전에서 생소한 단어를 배웠다. 군사 관련 책도 여럿 있었다. 육군본부 색인을 펼치고 페이지를 넘기면서 또 한나절의 시간을 보냈다.

책에 대한 인상은 그곳에서 시작되었다. 어린 시절 나만의 놀이터였다. 지나서 생각해보니 큰 아버님은 대단한 독서가였던 듯싶다. 온갖 시집과 소설이 있었고 다양한 잡지도 있었다. 만주에서 태어나 험난한 시대를 보내고 군인이 되기까지 언제 어떻게 왜 그런 책들을 보았을까. 여쭤보고 싶은 얘기가 많았다. 그러나 내가 성장하여 궁금함을 깨닫기 전에 너무 일찍 돌아가셨다. 뒤늦게 사촌들에게 책들의 향방을 물었지만 모두 그 시절을 두고 훌쩍 떠났기에 누구도 알지 못했다.

중학교 시절에 공부는 시험 때만 반짝하는 정도, 많은 시간을 잡다한 소일거리로 보냈다. 책이 가까이 있지 않았다. 그저 새로운 장소에 돌아다니길 좋아했다. 모르는 번호의 버스를 타고 종점까지 다니면서 처음 보는 창밖 풍경을 바라보며 시간을 보냈다. 청량리·소사·성남·의정부, 서울의 동서남북을 쏘다녔다.

고등학교에 입학해 좋은 대학을 가야하니 공부를 열심히 하자고 마음먹었다. 문제는 국어 선생님이었다. 1학년 중에서 딱 한 반, 우

사무실의 책장.
차마 버리지 못한 책이 쌓여 있다.

리 반만 국어를 가르치러 오신 3학년 선생님이었다. 매시간 교과서 진도보다는 책 얘기로 시간을 보냈다. 시인과 소설가 문학 얘기부터 《뿌리 깊은 나무》, 《창작과 비평》 등 다양한 잡지 얘기도 풀어주었다. 엉거주춤 공부와 책 사이에 서성이게 되었다.

가끔은 질문도 하였다. 교과서조차도 이제부터 열심히 파겠다고 마음먹은 우리에게 딴 세상의 질문이었다. 굳이 대답을 듣자는 질문은 아니었을 터인데, 정답을 맞추는 급우가 하나 있었다. 《심상》(오랜만에 찾아보니 아직도 계속 나온다)이라는 듣도 보도 못한 시 전문 잡지의 이름까지 꿰고 있었다. 영화제작자로 나중에 이름을 날린 차승재였다.

아마도 그때 그 수업의 자리에서 책, 문학 콤플렉스를 마음에 새겼나 보다. 등교하는 길목에 있던 소월의 시비도 다시 보았다. 그렇다고 갑자기 문학청년의 길로 들어서지도 못했다. 그 언저리 주변에 머무는 습관만 두고두고 숙제처럼 남았다. 책방에서 문학 코너를 들르는 발걸음이 그때의 흔적처럼 아직도 살아있다.

김영준 작품집,
《도시건축》, 2017

내 책장을 자세히 살펴보니 거의 반이 알록달록 건축 책이었다. 여행 중 책방에 들러 꾸역꾸역 배낭 안에 꾸려 온 책도 많았다. 건축 책을 찾아보는 소회는 대부분 어디서 샀는지 기억이 묻어 있다는 사실에서 온다. 물론 사무실 참고 자료로 무더기로 산 책도 여럿 있다. 이제는 인터넷 자료로 대체되어 직원 누구도 건축 책을 들여다보지 않는다. 그저 내 방 한구석을 장식하는 책으로 남았다. 나 혼자 가끔 들여다보는 추억의 전공책이 되었다.

건축이 아닌 책은 분류하기 어려울 정도로 난삽했다. 오래된 사회과학 서적, 일본·중국·유럽·미국 등 여행의 바탕 자료, 꽤 많은 양의 소설, 문화와 예술 분야 서적 등이 가장 낡은 모습이었다. 책에는 그때그때 적은 메모도 있었다. 깨끗한 책이 20년 안짝 그나마 근래의 책이었다. 분야가 차츰 달라져 언제부터인가 관심이 바뀌었음을 느꼈다. 저자에게 직접 받은 책들도 한구석을 차지하고 있었다.

내가 영향을 받았던 책, 아직도 마음에 남아있는 책, 가볍지 않은 책을 골라 책상 가까운 자리에 따로 서가를 차렸다. 생각보다 양이 많지 않았다. 오래된 책과 근래의 책이 반반 정도. 건축 책과 일반 책으로 나누어도, 두꺼운 책과 얇은 책으로 구분해도, 그림의 책과 글의 책으로 분류해도 반반 정도였다. 의도치 않게 그동안 내가 책을 고른 건지 책이 나를 고른 것인지 돌아보는 계기가 되었다. 내가 만든 건축도 아마 책처럼 그런 관계일까 되돌아보았다.

건축 외의 책이 반이라 치고, 콤플렉스를 대체한 문학책을 빼면, 찔끔찔끔 분류하기 어려울 정도였다. 건축가의 삶으로 고정된 이후 독서를 위한 독서의 시간은 별로 없었다. 멀리 떨어진 분야의 책에서도 건축적 메시지만을 공감했다. 더 이상 이끌어 줄 선생님이 없는 위치에서 독서의 분야와 반경을 넓히는 일은 쉽지 않았다.

처음엔 일반적인 도시 관련 책으로 관심을 넓혔었다. 직업의 분야로서, 지식의 대상으로서 도시 관련 책이 뚜렷이 구분될 수는 없었다. 그래도 점차 도시의 탄생·죽음·기억·삶 등 바라보는 시선이 달라졌다. 도시와 연계되는 주제, 도시와 과학·기술·에너지·그림·젠더·불평등까지 다양한 도시 관련 책이 책장에 남아있었다.

도시 이름이 들어간 책으로 미국과 유럽의 대도시와 중국의 역사 도시 등 깊고 얕은 다양한 책이 있었다. 부의 베네치아, 천재들의 비엔나, 이야기의 런던, 모더니티 파리, 자유로운 암스테르담 등 건축적인 시각과 전혀 다른 특정 도시의 프로필도 발견했다. 도시처럼 도시의 책도 그야말로 천방지축이었다.

내가 살아가는 서울로 돌아왔다. 어느새 우리 사회가 성숙해 다양한 분야의 다양한 저자가 서울을 분석한 결과가 축적되고 있었다. 서울의 탄생·풍수·도성·궁궐에서 시작하여 경성·북촌·강남을 소재로

한 책까지 쏟아지고 있었다. 흔히 접하던 도시와 건축의 물리적인 관점과 전혀 다른 시각으로 서울을 안내했다. 서울의 시공간·인문학·문학을 바탕에 둔 이야기도 더러 책장에서 발견했다.

도시와 지리에서 이어져 신대륙과 아프리카가 포함된 대항해시대 무렵의 역사책도 꽤 여러 권 있었다. 현대 사회 우리의 역사는 1492년부터 시작되었다는 문장을 어디서 본 적이 있다. 스페인의 체류 경험이 더해지면서, 문명·제국·신대륙·이슬람 등의 주제로 관심이 확장되었다. 아프리카 서해안·중남미·태평양 연안의 관련 책도 여러 권 있었다.

음식 관련 책도 많았다. 의식주에서 의는 모르더라도 식은 알아야겠다고 생각했다. 물론 요리 관련 책은 아니었다. 냉장고가 발명되기 전, 음식 공급 체계는 도시가 작동하는 가장 중요한 변수 중 하나였다. 잡식동물·식량·곡물·술·커피·고기·채소·과일·물고기까지 음식·도시·인간의 역사가 엮인 책이 또 한 무더기였다.

음식의 주제는 미시사적 책으로 이어졌다. 물고기(특히 대구)가 역사에 미친 영향은 전혀 새로운 시선이었다. 포크·시계·사생활·출퇴근·모기도 모두 역사의 주역이었다. 아직도 끊임없이 유사한 주제의 책이 출판되고 있다. 곧 거시사 책보다 많아질 듯싶다. 그들이 서가 구석구석을 차지하고 있었다.

파주출판도시 관련 책도 의외로 많았다. '출판'의 도시를 만드는 작업에 거의 20년 이상의 시간을 보냈다. 오랫동안 수요일 아침 7시에 파주에서 회의를 진행했다. 도시와 건축의 구상을 실현하는 회의였으나 가끔은 출판 자체의 주제도 회의 말미에 있었다. 허허벌판에서 시작

파주출판도시 출범 모임에 참가한
건축가와 출판사 대표들, 1999

해 차차 건물이 들어서면서 회의 내용도 달라졌고 참석자들도 교체되었다.

처음 파주출판도시 프로젝트에 참여했을 때, 건물의 건축주를 만나는 마음가짐이 아니었다. 내 곁에 두던 책들의 출판사 대표들을 만나는 상견례 자리로 생각했다. 그간 출판한 책으로 자기만의 성채를 쌓을 만큼 대단한 출판사 대표들이었다. 어릴 적부터 익숙하던 단행본 출판사 모두가 망라된 파주출판도시 참여 명단에 감탄했다.

열화당, 한길사, 동녘의 대표를 자주 만났다. 초기 파주출판도시를 앞에서 끌고 간 이들이다. 내 서가에서 아니 내 인생에서 중요한 자리를 차지했던 소중한 이름이었다. 그들이 다리를 놓아준 덕분에 김중업을 새로 알았고, 해방 전후사를 두루 느꼈으며, 잊혀진 이름 김산을 만났다. 어디 그뿐일까. 내가 살아가는 마음의 양식 많은 부분을 그들에게 빚지고 있었다. 파주출판도시의 작업이 진전되면서 또 다른 책의 대표들을 만나는 자리로 이어졌다. 그들에게 받은 머나먼 분야의 책들도 서가에 줄지어 있었다.

파주출판도시 아시아 센터 내
지혜의 숲 도서관

누구는 건축 작업을 옆에서 보니 책을 만드는 과정과 너무나 비슷하다고 얘기했다. 책 만드는 마음가짐으로 출판사 건축을 진행하자는 다짐도 있었다. 세월이 흘러 어느새 계획되었던 수많은 건물이 완성되었다. 오랜 기간 출판사 대표들을 만나면서 책은 건축만큼 가까운 대상으로 서가와 마음 한구석에 자리 잡았다.

베스트셀러에 관심이 있었다. 출판인 모임 자리에서 자주 나오는 가벼운 주제였다. 소위 대박이 터진 책의 출판사도 대개는 파주출판도시 목록에 있었다. 《해리포터》로 건물 하나가 그냥 생겼다는 후문도 떠돌았다. 끊임없이 나가는 스테디셀러가 하나 있으면 그것만으로 출판사 일 년의 운영비가 충당된다는 얘기도 들었다. 건축에는 없는 복제의 마력이었다.

베스트셀러는 사회가 어디쯤 가고 있는지를 살피는 좌표이기 때문이었다. 세상의 흐름에서 내가 서 있는 자리를 돌아보는 수단으로 더없이 유용한 지표라고 생각했다. 미디어와 영향력 있는 인물이 갑자기 만들어낸 베스트셀러는 대상이 아니었다. 베스트셀러라고 모두 읽지는 않았다. 갑자기 그리스 로마 신화가 팔리는 세태는 당연히 참고 대상이었다. 현재를 살아가는 사람들, 그들의 관심과 의지가 모이는 베스트셀러는 세상을 이해하는 중요한 기준이었다.

건축가의 직능은 세상 사람들 모두 동쪽으로 향할 때, 서쪽으로 가야 한다고 반대하는 선구자의 자세는 아니라고 한다. 그들과 호흡하면서 방향을 생각하라고 선배들은 권유했다. 아무런 변화 없이 현재의 자리에 머무르는 자세도 물론 아니다. 내가 세상을 바라보는 현재의 눈이 혹시 모자라지는 않은지, 과하지는 않은지, 거기서 베스트셀러의 좌표를 생각했다. 가끔 들르는 책방의 나들이는 그 일로 즐거웠다.

유럽 건축계 주변에서 떠도는 두 권의 시대적인 베스트셀러가 있었다. 처음엔 리플릿으로 언뜻 보았고, 나중에 책으로 찬찬히 보았다. 유사한 주제였다. 그저 우리끼리 화제여서 베스트셀러라 정확히 정의하긴 어려우나 내 주위 모든 사람이 언급하고 있었다. 우리가 그때 어디에 관심이 있었는지 알 수 있는 바로미터였다. 일본문화의 붐이 아직 한창이던 1990년대 말 시대적 배경도 관심의 확산에 한몫했다.

하나는 《쓸모없지 않은 일본 발명품 101가지(101 Unuseless Japanese Inventions)》(2000)였다. "진도구(珍道具)의 아트"라는 부제도 붙어 있었다. 빗물을 모으는 우산, 지하철에서 편히 잘 수 있는 도구, 길이를 조절하는 수저, 가리는 손이 달려 있는 이쑤시개, 스위스 칼을 응용한 농기구 등 그야말로 쓸모가 있는 듯 없는 듯한 그들의 발명품이 편집된 책이었다. 너무나 일본적이었다. 모두들 웃으면서 보았고 나중엔 현실을 바라보는 어떤 집요한 시각을 느꼈다. 셀카봉이나 네모난 수박은 지금은 너무나 쓸모 있는 발명품이 되었다.

켄지 카와카미,
《쓸모없지 않은 일본의 발명품 101가지》, 1995

또 하나는 "메이드 인 도쿄" 전시회 카탈로그였다. 어디서 보았는지 기억이 가물거리나 쓸모의 발명품 책과 비슷한 시기였다. 두 책의 맥이 닿는다고 바로 느꼈다. 너무 일본적이지만 건축의 핵심을 건드리는 무언가를 발견했다. "메이드 인 도쿄"는 복잡한 현실에서 만들어진 '쓸모 있는 건물'들을 소개했다. 비싼 땅, 좁은 땅, 복잡한 주변, 그곳에 파고 들어가 마치 저절로 만들어진 듯한 몇몇(30개, 나중에 70개) 도쿄의 건축을 분석하고 설명했다. 나중에 노란색 가이드북 성격의 책으로 출간되어 진짜로 베스트셀러가 되었다.

《메이드 인 도쿄(Made in Tokyo)》(2001)라는 제목은 다른 도시와 달리 도쿄에서만 가능한 돌연변이 건축 때문에 명명하였다고 한다. 알도 로시, 로버트 벤투리, 렘 콜하스의 도시론에 빗대, B급 건축에서 발견하는 도쿄의 도시론을 전개했다. 누구도 주목하지 않았던 건물들(건축이 아니란다)을 모아 도쿄 도시만의 특성을 전개했다.

책에서 선정한 70개의 건물은 카테고리, 구조, 사용 방법 등을 기준(on/off로 구분)으로 8가지 유형으로 분류되었다. 슈퍼마켓 위의 자동차 교습소 등 프로그램이 이상하게 결합된 건물, 주거와 오피스 그리고 두 개 층의 도로에 접한 고속도로 패트롤 센터 등 프로그램이 기이하게 복합된 건물, 간판으로 온통 둘러싸인 상점 등 기존 건축 문법과 맞지 않는 건물, 고가도로 아래에 있는 백화점 등 토목 구조물과 건축이 공존하는 건물의 다양한 사례가 사진·다이어그램·위치지도로 안내되어 있다.

이들 건물이 초고밀도의 도시에서 기존의 도시 조직이나 규제의 느슨한 틈을 파고들어, 서구의 도시와 다른 도쿄만의 건축적 풍경을 만들어냈다고 설명했다. 창고 옥상을 테니스 코트로 사용하거나, 위락 시설을 모아서 적층하거나, 차량 시설이나 유수지 위를 공원 골프 연습장 등으로 사용하는 사례는 이제는 우리 도시에서도 흔히 볼 수 있는 현상이다.

상업적 욕구나 일상의 욕망 등 현실에 충실한 반응에서 건축의 전기가 마련된다는 사실은 렘 콜하스의 뉴욕 스터디에서 이미 입증한 바 있다. 도쿄의 스터디는 거기서 한발 더 나아가, 건축가의 영역 밖에서 이루어진 도시적 변이(책에서는 환경 유닛이라 표현)에서도 건축 전환의 계기가 마련된다는 사실을 예시했다. 세월이 흘러 '리인벤터 파리' 라는 계획에서 보듯, 비슷한 접근 방식이 이제는 A급 건축으로 대체되어 진행되고 있다.

《메이드 인 도쿄》의 여러 사례 중에서 자동차 쇼룸·오피스·정비소·주차장의 복합 건물, 물류 창고·오피스·직원 주거의 복합 건물, 자동차·보

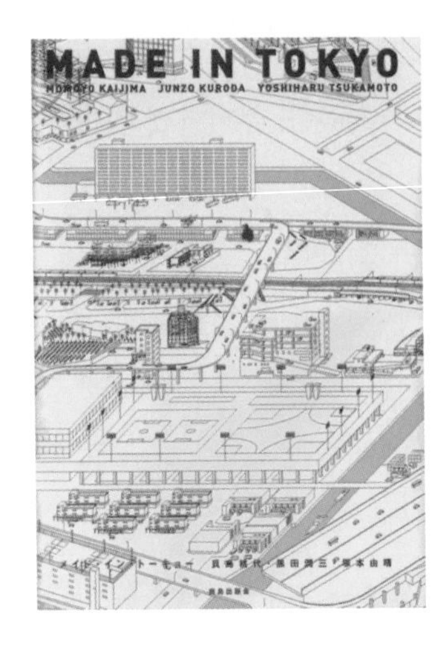

요시하루 츠카모토 외,
《메이드 인 도쿄》, 2001

험회사·정비소·주차장·직원 주거의 복합 건물 등에 특히 관심을 두었다. 땅이 여유가 있다면 당연히 개별 건물로 따로 들어설 프로그램이 하나의 건물로 통합된 사례였다. 사무소·상점·주거·창고(서비스 시설)와, 사람·물건·자동차 등 도시 삶에 수반되는 대다수 변수가 하나로 집적된 복합의 건축 유형은, 집합 형태의 전혀 다른 가능성으로 이끄는 출구였다.

도시에서는 이들 개별 프로그램의 건축이 도로나 오픈스페이스에 접하여 연결된다. 따라서 도시라는 물리적 체계에서, 이러한 잠시 머물고 쉬면서 서로를 연결하는 영역이 대부분 반 이상을 차지한다. 도시를 '도(圖, Figure)'와 '지(地, Ground)'로 나누는 관점에는 프로그램만이 아니라 그것을 뒷받침하는 오픈 스페이스의 역할을 주목하는 시각이 들어있다.

이들 복합 건물의 사례, 도시의 다양한 프로그램을 한꺼번에 적층한 건물에서, 특히 주목한 부분은 프로그램 이외의 영역이었다. 서로 다른 여러 가지 프로그램이 공존하기 위해서는 단일 프로그램의 일반 코어보다 그라운드나 오픈스페이스 역할의 구성이 훨씬 강화되어야 한다. 그러나 도쿄 사례의 대부분은 그저 분절된 연결 동선(Circulation)이었다. 기능적인 동선이 좀더 독자적으로 발전되면 어떠한 흐름의 선(Flow Line)으로 넘어가지 않을까 대안을 모색했다.

프로그램의 공간과 구분해 코어나 연결 동선 흐름의 기능을 별도로 구성하는 가능성을 살폈다. 동선을 매개로 동선을 넘어, 프로그램 공간을 조직하거나, 직렬·병렬·순환의 연결고리로서, 프로그램과 대등하게 공존하는 개념으로 생각을 정리했다. 연결의 흐름이 프로그램보다 앞서거나 강조하거나 독립되는 개념은, 집합 형태의 줄기를 추가하는 또 하나의 갈래로 뻗어 나갔다. 몇 개의 프로젝트에서 '흐름의 선' 개념을 내세워 작업했다.

마음고요 명상센터, 서울, 2003

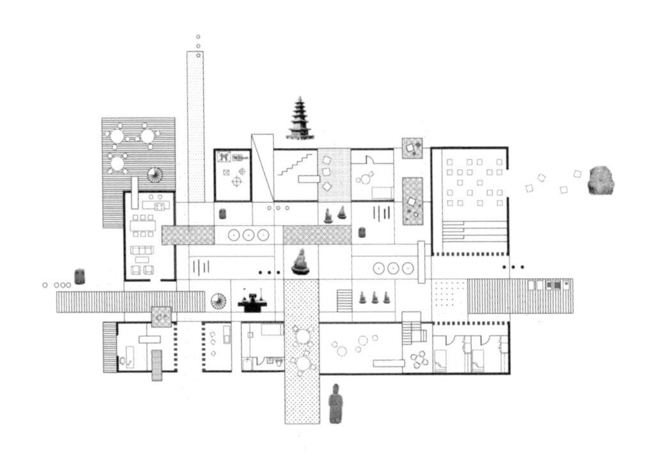

프로젝트 시작은 스님의 거주공간이었다. 부암동 끝자락, 자연에 파묻힌 단출하고 작은 공간으로 시작했다. 점차 그간 모은 불교 미술품이 나타났다. 그러면서 불교의 공간, 명상과 교육의 공간, 작은 이벤트의 공간, 공양의 공간, 업무의 공간(나중에 인터넷 방송국까지)으로 기능이 확장되었다. 주택이되 주택이 아닌 프로젝트였다.

100평 미만의 규모에서 개별 프로그램을 독립적으로 수용하기는 불가능했다. 프로그램이 일렬로 연결되어 그 안에서 다양한 속성으로 복합되는 조직을 생각했다. 마침 불교 행사로 내부를 순회하는 요청 사항도 있었고, 불교 미술품을 전시하는 공간도 필요했기에, 일련의 순환 공간 자체로서 센터의 개념을 설정했다.

좁고(가끔은 넓어지고) 긴 길이 꼬여있는 형태를 자연의 일부인 심한 경사지에 안착시키는 과제로 발전시켰다. 내외부 공간을 엮어 작은 공간에서 프로그램의 확장 가능성을 검토했다. 자연의 축, 불교의 축, 명상의 축, 교육의 축, 감상의 축이 공존하도록 일련의 연결 공간과 기능 공간 두 가지 성격으로 순환되는 센터를 구성했다.

자연에 파고드는 최소한의 개입으로서 압축된 집합 형태를 지향했다. 경사에 순응해 높낮이를 세심하게 조정했다. 근사한 주변 자연을 다양한 각도에서 받아들일 수 있도록 크기와 비례가 다른 여러 종류의 창을 덧댔다. 흐름의 선이 단순한 볼륨 안에서 복합적으로 구성되는 집합 형태 하나의 사례를 완성했다.

내외부 공간이 순환되는 대안을 검토한 스터디 모형

자연의 축, 불교의 축, 명상의 축, 교육의 축, 감상의 축이 공존하는 센터를 지향했다.

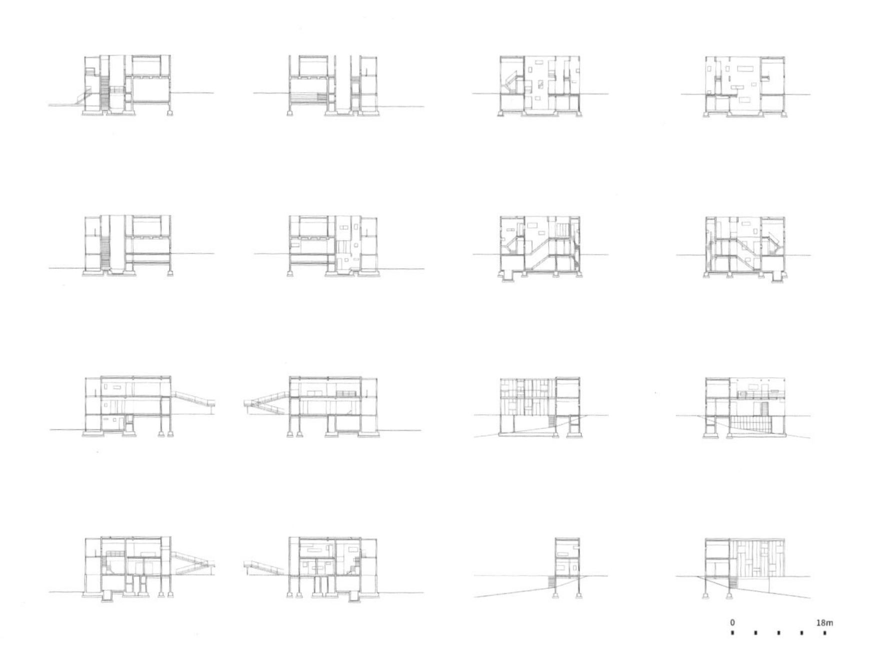

흐름의 선이 단순한 볼륨 안에서 복합적으로 구성되는 집합 형태 사례를 목표했다.

좁고 긴 길이 꼬여있는 구성 체계를 자연에 안착시키는 복합 공간의 제안이었다.

새만금 도시 기본구상, 스터디, 2004

다니엘 바예(Daniel Valle) 공동 작업

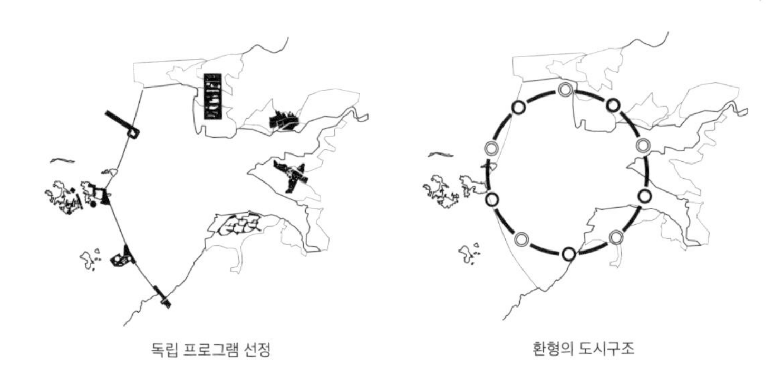

독립 프로그램 선정

환형의 도시구조

새만금의 개발 방향을 모색한 스터디 프로젝트였다. 지금은 없어진 서울건축학교(SA)에서 여름이 되면 여러 도시를 다니며 학생들과 함께 워크숍을 진행했다. 제주·부산·목포 등 8월 뜨거운 여름 날씨만큼 치열한 논쟁으로 우리의 도시와 건축의 문제를 단상에 올려놓고 씨름했다. 워크숍 이후 책과 전시로 작업의 결과를 정리했다. 새만금 구상안은 이후 따로 시간을 들여 대안을 발전시킨 결과이다.

워크숍 기간에도 새만금 간척사업의 필요 논쟁이 끝없이 진행되고 있었다. 방조제 공사 마무리 막바지의 시기였다. 환경과 생태의 관점과, 경제와 개발의 논리가 첨예하게 대립했다. 땅의 활용 문제도 묵은 숙제였다. 그로부터 한참의 세월이 흘렀지만 아직도 논쟁은 계속 되고 있다.

내부를 비워두고 주변부를 개발하는 도시구상을 목표했다. 내부는 아직은 결론을 미루면서 주변의 영역을 개발한 후 결정하자는 순차적 프로세스의 제안이었다. 방조제에 기대고, 군산과 부안 등 기존의 도시를 확충하고, 두 개의 강 연안에 신도시를 조성하는 환형(Ring)의 도시구상이었다. 네덜란드 란드스타트처럼 내부는 비워 다음 세대에 맡기고 주변부를 먼저 개발하는 중재안이었다.

흐름의 선형을 묶으면 환형의 구조가 된다. 새만금의 환형은 대부분 물에 접하기에 좁고 긴 수변 도시의 골격을 지닌다. 개발의 폭은 도시 프로그램에 맞추어 조정될 수 있다. 주변의 기존 도시와 연계를 바탕으로, 개발의 진도를 맞추어 가는 전략을 중심으로, 새만금 도시 기본구상안을 완성했다. 후에 벌어진 행정도시 현상설계에서는 다양한 환형 구조의 참가안들이 대거 제출되었다.

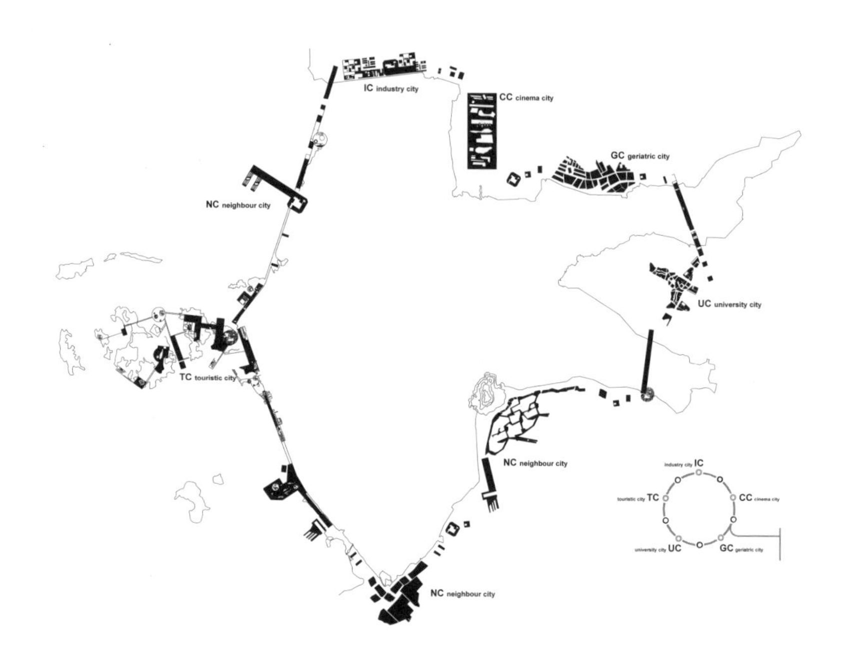

새만금 내부는 비워 다음 세대에 맡기고 주변부를 먼저 개발하는 환형의 도시 구상

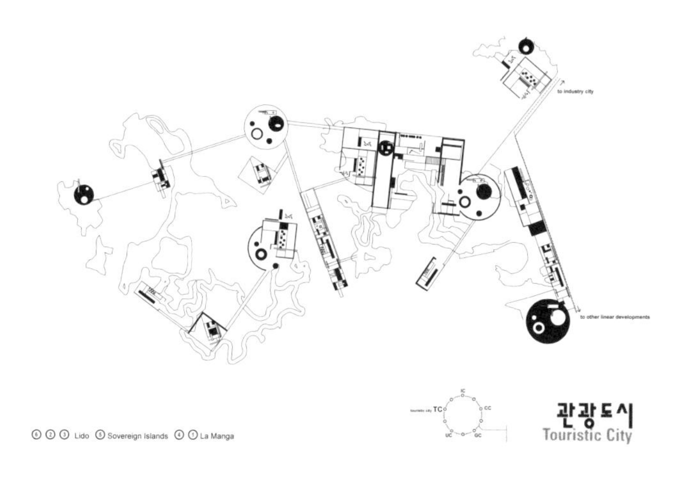

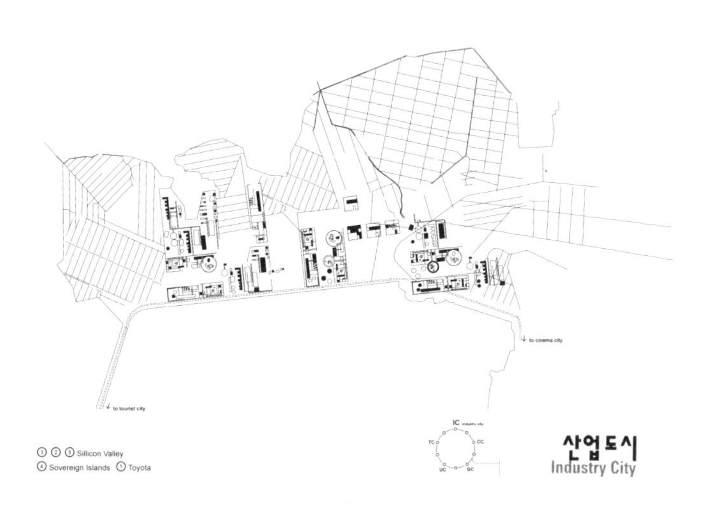

기존 도시와 연계를 바탕으로 개발의 진도를 맞추어가는 전략이 구상의 핵심이다.

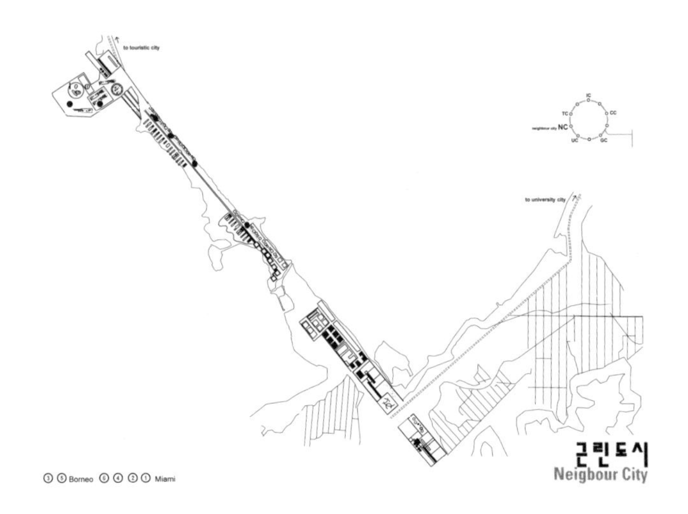

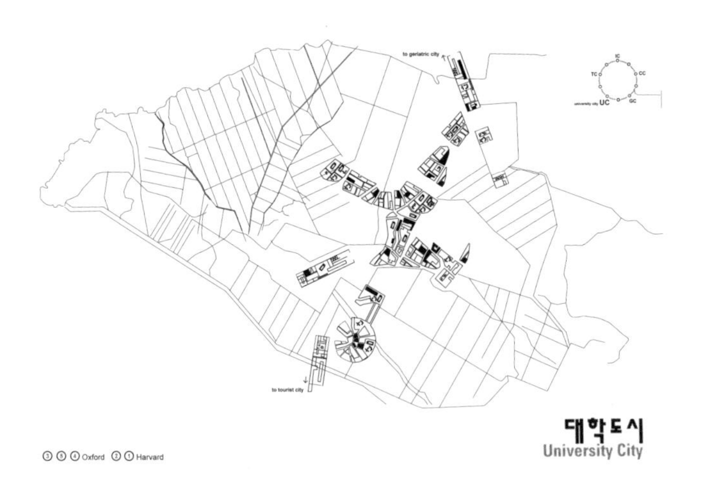

방조제에 기대고 기존의 도시를 확충하고 두 개의 강 연안에 신도시를 조성하는 대안이다.

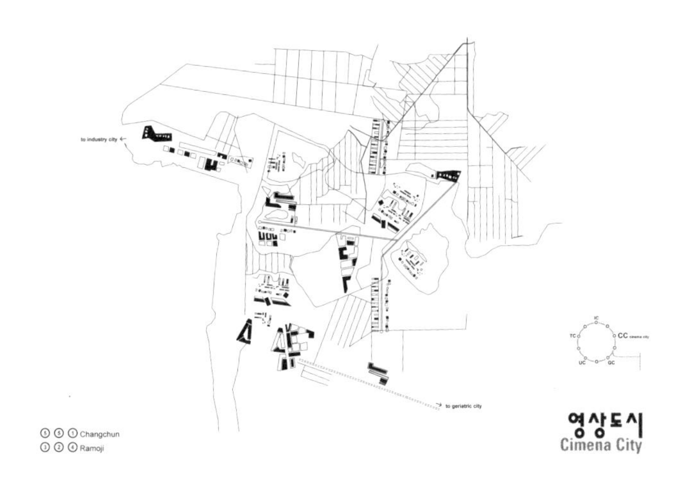

흐름의 선형을 묶어 네덜란드 란드스타트처럼 환형의 수변도시 골격을 제안했다.

현대자동차그룹 신사옥, 현상설계, 2015

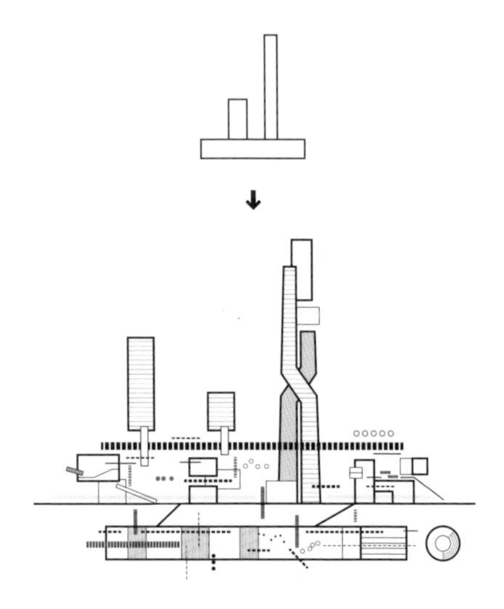

강남에 짓는 마천루 기본구상안이었다. 현대자동차는 이미 나름의 설계안이 있었지만, 여론을 조성하기 위해 혹은 아이디어를 모으기 위해 간단한 지명 현상설계로서 대안을 요청했다. 100층이 넘는 오피스에다 저층부는 문화시설·백화점·공연장·전시장 등 복합의 프로그램이었다. 초고층 건축 개념을 한번 정리한다는 가벼운 마음으로 설계안을 작성했다.

강남 삼성동 일대는 원래 봉은사 영역이었다. 예전 뚝섬에서 배를 타고 봉은사로 놀러가던 허허벌판이 기억에 남아있는 장소였다. 강남 개발 초기 서울시청을 옮기는 제안 등 여러 개발의 대안이 있었다. 무역센터와 한전 등이 자리 잡은 그곳이, 현대 자동차 신사옥과 GTX 삼성역, 탄천 건너 새로운 잠실 운동장으로 다시 한번 꿈틀거리는 지역이 되었다.

초고층 건축, 소위 마천루는 구조적으로 지상에 꽂혀 있는 캔틸레버로 해석을 한다. 중력 대신 사방으로 분산된 응력에 대응하기 때문에 위로 갈수록 좁아지는 형태가 일반적이다. 불과 얼마 전까지 좁아지지 않고 같은 면적이 그대로 올라가는 마천루는 1:12의 비례가 최후의 보루였다. 최근 들어서 뉴욕 맨해튼의 마천루를 보면 훨씬 세장한 비례여서 테크놀로지의 발전을 경이롭게 보고 있었다.

위로 좁아지는 기본 구조에, 이를 보조하는 두 개의 회전 구조를 덧붙이는 집합 형태의 마천루 대안을 제시했다. 9.11 이후 새로운 무역센터의 기본구상에 많이 등장하였던 다발(Bundle) 구조의 변형이라 생각했다. 기본 캔틸레버 구조를 두 개의 끈으로 돌려 묶어서 고정하는 집합 형태의 개념이었다. 회전 구조의 보조로 차츰 좁아지는(Tapering) 마천루의 비례를 줄여서 최상층의 면적을 증대시키는 제안으로 완성했다.

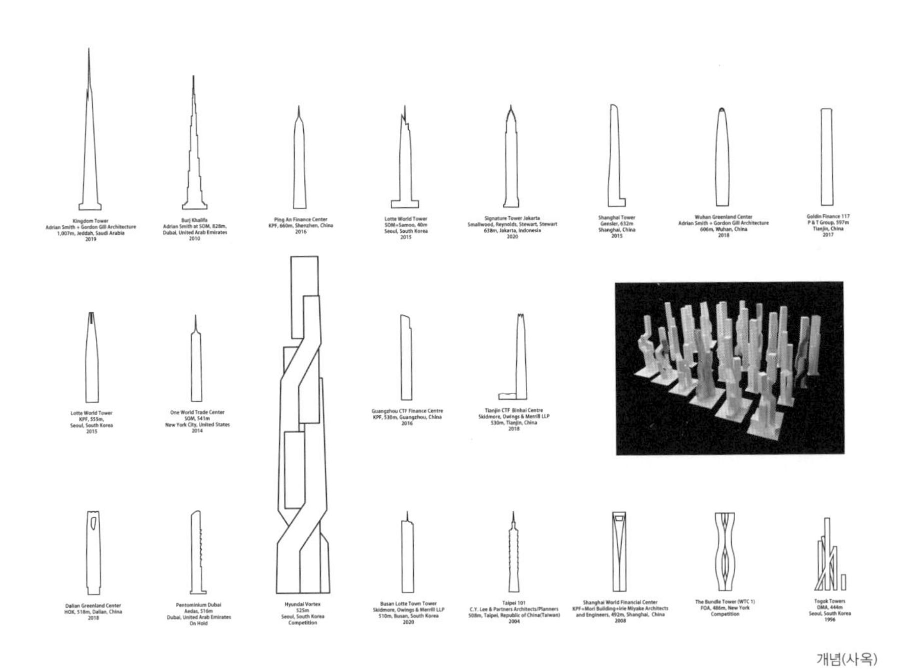

개념(사옥)

마천루는 구조적으로 지상에 꽂혀 위로 올라갈수록 좁아지는 캔틸레버로 해석을 한다.

기본 구조를 두 개의 끈으로 돌려 묶는 다발(Bundle) 구조를 제안했다.

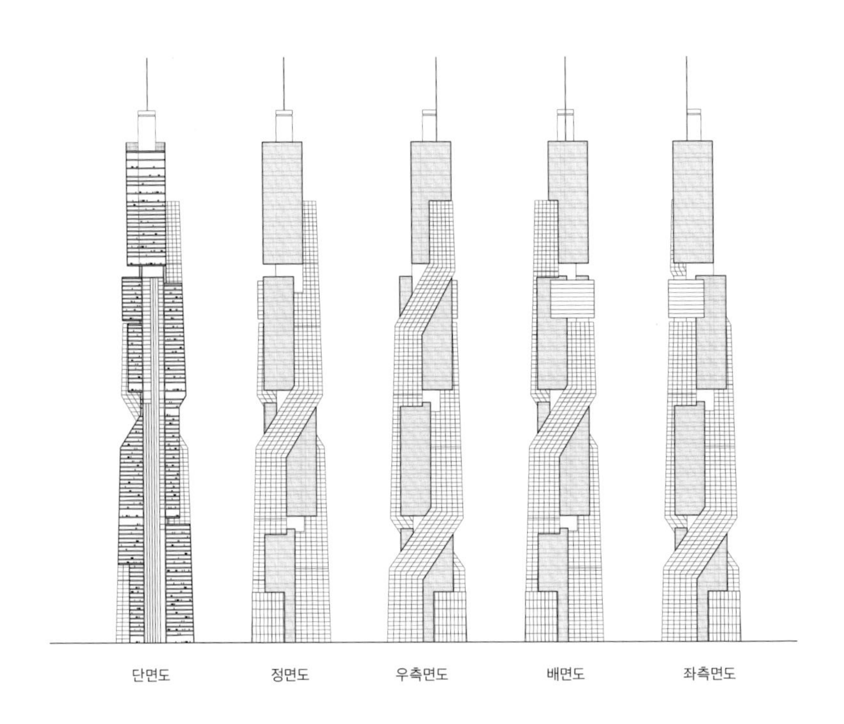

마천루 구조와 이를 보조하는 두 개의 회전 구조로서 최상층 면적을 증대시켰다.

삼성동 일대의 랜드마크적 특성을 '흐름의 선' 집합 형태의 대안으로 강조하였다.

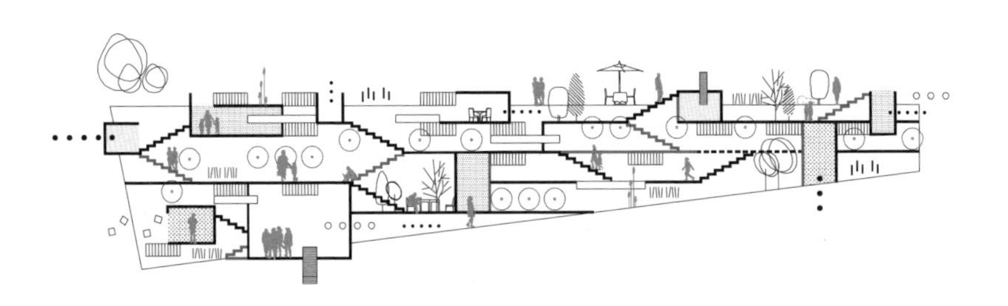

밴드
Band

경부고속철도를 공사하던 때이니 꽤 오래전 일이다. 고속버스를 타고 추풍령을 넘어 김천 가까이 진입할 때, 갑자기 터진 평야를 가로지르는 거대한 직선의 구조물을 만났다. 공중에 설치한 고속철 선로였다. 일정한 간격의 다리 위에 군더더기 없이 쭉 뻗은 선로는 매우 인상적이었다. 평지와 대조되는 대형 구조물 자체가 아름답다고까지 느꼈다. 고속철의 길이 방향을 주변의 방해 없이 볼 수 있는 몇 안 되는 위치라 기억에 남았다.

어느 정도 시간이 지난 후 다시 그곳을 지나게 되었다. 기대에 차 주시하고 있었다. 웬걸, 구조물 다리마다 총천연색 페인트 링이 칠해져 있었다. 꽤 긴 구간이 링의 색깔들로 어지러웠다. 아름다움은 사라지고 색깔만 난무했다. 누군가는 콘크리트의 공해라 생각했을까. 마치 벽화처럼 페인트의 링으로 삭막함을 덮으려고 머리를 짜낸 것일까. 요란한 색깔만큼 마음도 심란했다.

그런 시대였다. 아파트 단지도 환경 디자인이라는 이름으로 누가 더 '아름답게' 칠하는지 경쟁하던 시대였다. 아파트의 규모만큼 온 세상이 울긋불긋 변했다. 남산의 자유센터도 화사한 녹색으로 뒤덮였다. 담장은 벽화로 채워졌다. 길거리는 요상한 장식이 줄지어 유치한 조형물로 도배되었다. 비어있는 자리를 그대로 두면 안 된다는 약속이나 한 것인지, 도시의 대규모 시설 모두가 배경 역할을 뛰어넘어 주인공으로 나섰다. 자연과 배경과 요소가 모두 한자리에 모여 경쟁에 내

몰린 시기였다. 이제는 많이 나아졌을까, 그리 믿고 싶다.

6인의 국내 건축가 전시 일로 로마에 방문했을 때였다. 우리의 전시를 주관했던 루카(Luca Galofaro)가 자신의 친구가 오래 준비한 다른 전시회에 초대했다. 장소가 그래픽 교육원(Instituto Centrale per la Grafica)이길래, 그래픽과 관련된 전시로 생각했다. 외부로 난 전시장 창문을 열어보니 바로 앞은 관광객으로 가득했다. 유명한 트레비 분수의 뒷벽인 전시장이었다.

전시는 의외로 이탈리아 남서부의 고속도로가 주제였다. 거의 20여 년에 걸쳐 험준한 지형을 뚫고 약 450km의 고속도로를 놓은 분투의 역사가 고스란히 기록되어 있었다. 노선을 따라 주민과 협의하는 과정, 토목의 실시설계 도면, 공사 중 현장 사진까지 온갖 자료가 망라되어 있었다. 산악 지형이기에 계곡을 가로지르는 수많은 교량과 터널의 멋진 사진도 흥미로웠다.

이탈리아 최신 디자인의 세련된 토목 구조물을 주목한 단순한 전시가 아니었다. 고속도로 건설에 20여 년이나 걸린 여러 이유를 보여주었다. 고속도로가 주요한 전시장의 주인공이라는 점, 또 그것을 볼 만한 전시로 이끌었다는 점은 참신함을 넘어 놀라웠다. 토목 구조물 등 건축 이외의 건조 환경(Built Environment)에 흥미를 느낀 지 오래되었지만, 그것이 건축보다 사회에서 더 중요한 변수겠다 싶은 느낌은 처음 받았다.

고속도로는 단순히 지역이나 도시를 연결하는 수단이 아니었다. 로마 시대 가도부터 이어온 전통 때문인지 고속도로를 대우하는 자세부터 달랐다. 고속도로 중간중간 자연을 점유하는 브릿지는 공법

"살레르노에서 레지오 칼라브리아까지" 전시회 포스터, 2016

도 디자인도 제각각이었다. 직선의 거대 스케일로 자연에 파고드는 인공의 구조물, 과장되지 않은 단순한 기본자세에서 출발한 결과물은 충분히 아름다웠다. 고속도로도 전시와 논의와 역사의 대상이었다.

마드리드 지도를 보면 바라하스 국제공항 옆에 지름 약 1km의 깨끗한 원이 그려져 있다. 처음 안내지도에서 발견하고 무엇인지 찾아보았으나 정보가 미미했다. 잠실 운동장 전체 부지를 넣고도 남는 크기의 원이었다. 친한 친구(Jose Luis Esteban Penelas)가 자신이 어렸을 때 현상설계에 당선되어 조성한 공원이라 자랑했다. 그의 안내를 받으며 몇 번 방문했다. 독재자 프랑코 사후 다시 스페인의 군주제를 계승한 후안 카를로스 1세 공원이었다.

1992년 마드리드가 유럽 문화수도로 지정된 기념으로 준공되었다고 설명했다. 레저와 문화와 여가의 공원, 유명한 현대 조각이 모여있는 조각공원, 가끔 록 페스티벌이 열리는 이벤트의 공원이었다. 오랫동안 쓰레기 매립지였던 곳, 주변의 컨벤션과 콘퍼런스 시설을 매개

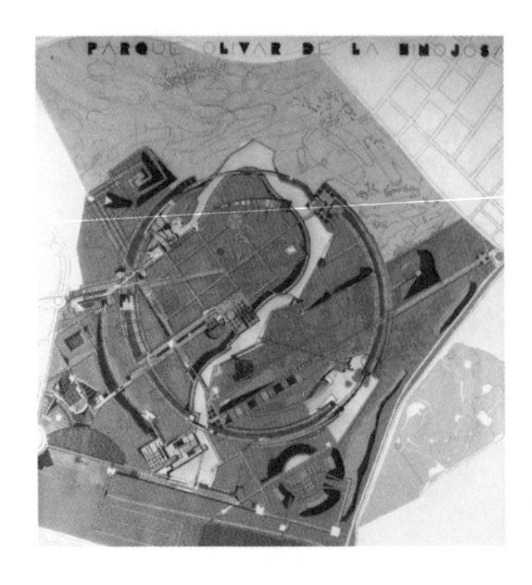

호세루이스 에스테반 페넬라스 외,
마드리드 후안 카를로스 1세 공원, 1992

로 신도시로 정비 중인 장소였다. 주거지역과는 거리가 있었고, 부분으로 조각난 지역이 아니기에, 대형의 상징적인 공원이 들어설 여지가 충분했다. 나무(보존된 올리브 나무)와 지형과 조각 그리고 건축적 장치가 돋보였다. 마드리드 시내 내부에 여럿 있는 전통적인 조경의 공원과 달리 도시 외곽에 있는 지극히 현대적인 공원이었다.

대규모 원의 강력한 이미지가 공원을 대표했다. 바로 옆 이착륙하는 비행기에서 보는 시점을 중시했는지, 도시 지도에서조차 드러나는 실체의 존재감은 강력했다. 공원 내 오픈스페이스를 비롯한 모든 시설 체계의 중심 역할을 하는 원이었다. 현장을 가보니, 굴곡이 있는 지형, 남북을 관통하는 물길, 다양한 축으로 분산된 여러 장치 때문에 눈높이에서 원의 강력한 형상을 느끼기는 쉽지 않았다. 도형은 단순하나 무수한 요소로 조립된 원의 구조였다. 주변을 느끼며 원형 한 바퀴를 천천히 둘러볼 만했다.

맨 처음 공간 설계사무실에서 작업했던 도면은 지하철 역사였다. 지하철 선로 일부를 포함하면 도면으로 그려야 할 역사의 길이는 거의 200m에 가까웠다. 토목에서 이미 시공한 역사의 구조물에 단순히 마감을 입히는 인테리어 작업이었다. 지금의 지하철 3호선 몇 개의 역사였다. 직선도 아니고 모호한 곡선의 반경이니, 컴퓨터가 없던 시기에 제도 책상보다 큰 1:100 스케일의 도면을 앉히는 고된 노동이었다.

도면을 떼었다 붙였다 삼각자와 곡선자로 인내의 한계를 시험하였다. 몇 날 며칠을 축선과 외곽선으로 이루어진 베이스 도면을 정리하면서 지냈다. 건축의 역사를 의식하고 조형과 구조를 익히면서 실무 경험을 쌓으려는 기대는 초장부터 어긋났다. 초보 건축가의 위치는 거기였다. 이런 일들로 지낼 미래를 생각하니 암울했다.

그러면서 기다란 역사의 인테리어도 결국은 단위 마감의 반복인데, 굳이 1:100으로 책상의 크기를 넘어서는 도면이 필요할까 혼자서 고민하는 시간을 가졌다. 골조는 이미 토목에서 시공되었기에 좀 더 작은 크기로 그려도 충분하지 않을까 싶었다. 가이드로서 전체 도면은 1:200쯤으로 줄이고, 마감은 부분으로 나누고 복제하고 반복하고 변화시키는 구도로 접근해도 되지 않을까 생각했다. 그럭저럭 어느새 지루한 시간이 지나가버렸다. 기다란 길이도 결국은 부분으로 나누어 구성된다는 '스케일'의 과제를 몸과 마음과 기억에 깊이 새긴 시간이었다.

마크 피셔(Mark Fisher)라는 AA 건축학교 졸업생이 있다. 핑크 플로이드의 "애니멀스(Animals) 투어"부터 시작해 "디비전 벨(Division Bell)" 무대, 그리고 유명한 "더월(The Wall)"의 1980년도 거대한 공연장을 디자인한 무대 건축가(Stage Architect)였다. 런던에서 우연히 그의 강의 자리에 참석했다.

웸블리에서 진행된 넬슨 만델라 70회 생일 기념공연 무대 외에도, 거의 하이테크 건축에 버금가는 롤링 스톤스의 "스틸 휠스(Steel Wheels)"와 "어번 정글(Urban Jungle)"의 순회공연용 무대 디자인을 록 콘서트처럼 강의에서 보여주었다. 자넷 잭슨, 티나 터너, U2의 무대 디자인도 있었다. 아키그램(Archigram) 시대 건축 흐름의 영향을 받았다는 얘기, 공연하는 도시와 무대 디자인을 연결해 도시를 이벤트 무대로서 해석한다는 얘기가 기억에 남았다. 그는 야외 공연장 무대의 디자이너이지만 태생적인 건축가였다.

요즘 외국에서 순회 공연하는 블랙핑크나 BTS의 무대 디자인을 가끔 눈여겨본다. 영상이 너무 압도적이라 예전 영상의 비중이 작았을 때와는 사뭇 다른 인상을 받는다. 시대적인 차이거나 혹은 록 뮤직과 다른 장르라는 이유겠지만, 마크 피셔의 무대는 가상의 대규모 건축에 가까웠다. 무대의 크기와 무게를 화물 제트기 2대에 압축해 다른 도시까지 옮길 수 있어야 하며, 철거와 설치 제작을 최대 이틀 내에 마무리해야 하는, 순회용 무대 디자인의 절대적 한계 내에서도 그는 무한대의 상상력을 발휘했다.

"더월"은 영화로도 제작되었다. 베를린 장벽이 무너진 후, 로저 워터스(Roger Waters)의 요구로 "더월, 라이브 인 베를린"의 무대 디자인은 다시 한번 전 세계의 주목을 끌었다. 마크 피셔는 그간의 모든 경험을 집대성한 무대를, 1990년도 브란덴부르크 문과 포츠담 광장 사이에서 재현하였다. 170x25m의 무대 담장은 콘서트 마지막에 파괴되었다. "더월"의 무대 디자인은 이후 유수 미술관의 순회 전시로도 이어졌다.

마크 피셔,
베를린 "더월" 무대 디자인, 1990

네덜란드에서 발견한 콘스탄트(Constant Nieuwenhuys)라는 아티스트가 있다. 화가·조각가·그래픽 작가이며, 시인이자 뛰어난 음악인, 만능 아티스트였다. 1950년대부터는 알도 반아이크와 건축 작업을 시작해, 나중에는 도시와 건축의 엄청난 실험적 모델까지 제안한 대단한 건축가이기도 했다. 2005년에 작고했다.

1956년부터 1974년까지 그가 연작으로 발표한 "뉴 바빌론(New Babylon)" 프로젝트가 있다. 네덜란드 건축가 거의 모두에게 영향을 끼친 대단한 작업이었다. 1999년 뉴욕의 전시에서 다시 주목했다. 공동 소유의 토지에서 일은 자동화되고 노는 인간(Homo Ludens)을 위한 미래의 도시와 건축 구상이었다. 모델·콜라주·스케치·드로잉·그래픽·지도·텍스트 등 모든 매체를 활용해 자신의 구상을 구체화했다.

"뉴 바빌론"은 작은 도시에 버금갈 만한 규모의 메가스트럭처가 중심에 있는 연작 프로젝트였다. 기존 도시에서 한 레벨 들어올려 현실의 삶과 공존하는 거대한 구조의 새로운 터전을 제안했다. 따라서 대부분의 제안은 거대한 다리 위에 들어올려져 있다. 사회적 구성원

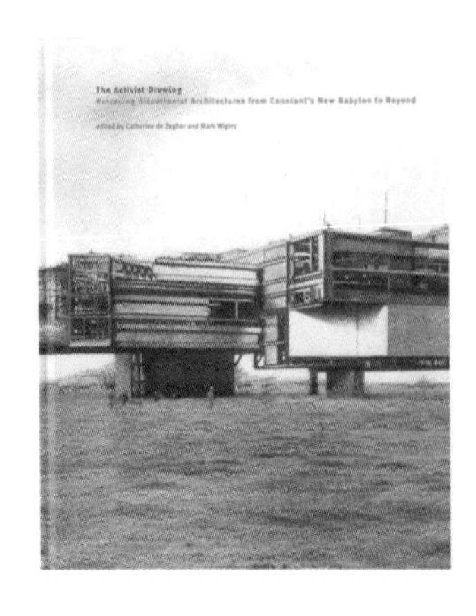

《행동주의 그림: 콘스탄트의 뉴 바빌론에서 그 너머까지 상황주의 건축 추적》, MIT 프레스, 2001

과 도시 프로그램에 관한 혁명적 가정도 녹아 있다. 서로 연계된 다층의 플랫폼에 다양한 거주의 공간이 마련되어 있다. 1960년대 유토피아의 열망이 고스란히 담겨 있다.

그의 메가스트럭처 유토피아의 꿈은 자본주의의 현실에 의해 무너졌다는 평가(Mark Wigley)를 받았다. 그러나 오랜 기간 진행했던 다양한 종류의 작업이기에, 제안 사이사이 숨겨진 건축적 성과를 포함해 대단한 아이디어의 보고임을 느낄 수 있다. 메가스트럭처를 구성하는 방식, 다양한 구조적 접근, 도시와 대응하는 건축적 자세 등 여느 건축가의 실험을 뛰어넘는 실용적인 해법도 발견할 수 있다. 한동안 마음을 빼앗겼다.

가끔 들여다보는 책 중에 렘 콜하스의 《S, M, L, XL》(1995)이 있다. 작품·글·소설·만화·논문 등을 묶어서 출판한 책이다. 브루스 마우(Bruce Mau)의 그래픽도 참신했다. 책의 내용 분류를 유형이나 프로그램의 종류가 아니라 건축의 규모로 나누었다는 점이 특이했다. 그는 런던·뉴욕·베를린 등 도시 스터디를 거친 후, 거대주의자(Megalomania)로 비판받을 만큼 크기의 변수에 집착했다. 책도 거대하고 내용에서도 거대함을 다루고 있다.

예전 OMA 근무할 때, 샌프란시스코에 렘과 함께 출장 간 적이 있었다. 건축주에게 선물할 그 두꺼운 책 몇 권을 챙기라는 얘기는 들었지만 너무 무거워 가서 살 요량으로 가져가지 않았다. 한창 잘 팔리던 시기였기에 샌프란시스코 책방에는 품절되어 없었다. 저자의 사인이 들어간 더 비싼 책 몇 권이 남았다고 했다. 사인값 20달러를 더 주고 다시 저자에게 돌려주었다. 그런 추억도 묻어 있는 책이다.

책에는 '거대함(Bigness)'이라는 글이 있다. 역사적인 건축적 발전은 대부분 규모 때문에 혁신된 것이기에 질보다는 양을 주목하자는 얘기다. 여러 논거 중에 건축의 규모와 관련한 입면의 정의도 있다. 정통적으로 입면이란 건물의 내부 기능을 정직하게 반영하는 논리인데, 건물 규모가 커지면 내부는 여러 레이어로 나누어질 수밖에 없고, 그러면 외곽 가까운 곳의 기능만을 입면이 대응하니, 규모가 커지면 평면과 입면은 별도의 독립된 변수로 바뀐다, 이런 얘기다. 거대함에는 건축의 상식을 다시 조정하는 변수가 있다는 숙제를 얻었다.

가끔 한가할 때 뒤적여보는 사진 책이 하나 더 있다. 얀 아르튀스 베르트랑(Yann Arthus Bertland)의 《하늘에서 본 지구 366(Earth from the Air, 366 Days)》(2003)이다. 월별로 주제가 나뉘어 있고, 날짜별로 사진과 설명이 이어져 있다. 그날 날짜를 찾아 그날의 이미지를 찾아보는 즐거움도 있다. 피라미드·아크로폴리스·모스크·나스카 등 하늘에서 보는 대규모 단일 대상의 이미지도 있지만, 대부분 사람·동물·농장·마을·도시 등 단위의 대상이 모여 만드는 거대한 군집의 이미지다. 위에서 조감하는 강력한 정지 이미지 사진이다.

한동안 대지예술(Land Art)에 빠져든 적이 있었다. 대지예술은 지구 표면에 어떤 형상을 디자인해 자연경관에 작품을 대입하는 예술이라고 정의된다. 자연에 파고든 거대한 인공 이미지가 주는 참신함이 있다. 로버트 스미슨(Robert Smithson)의 "나선형의 방파제(Spiral Zetty)"나, 마이클 헤이저(Michael Heizer)의 "이중부정(Double Negative)"의 이미지는 거대함이 주는 논리마저 느끼게 한 작품이었다. 마야 린(Maya Lin)의 베트남 참전용사 기념비에서 대지예술 작품이 일상적 기능을 더해 준공되었다고 감탄했다. 건축이나 도시의 작업에서 시점을 헤맬 때, 대지예술의 자취를 찾아보며 길을 모색한 적도 있었다.

하늘에서 본 지구 사진은 거대함을 해석하는 하나의 실마리를 알려주는 열쇠였다. 대지예술과는 달리 거대함의 이미지에는 어떤 집합의 변수가 있다는 사실을 알려주었다. 사막의 낙타, 튤립농장, 빨래하는 아낙네, 경작지의 작업 등 이미지에는 찰나(노동·과정·축적·이동 등)이지만 개체의 요소가 집합된 일상의 순간이 담겨 있다. 자연의 풍경조차도 하늘에서 본 사진에서는 개별 요소가 결합된 집합의 이미지로 읽힌다. 우리 삶, 현실의 지구 예술이 책의 제목처럼 눈으로 발견하는 대상으로서 강력하게 기록되어 있다. 개체 요소의 집합이 작동하는 거대함의 명제를 살필 수 있었다.

오랜 기간 틈틈이 조각조각 맞닥뜨린 에피소드였으나 거기에는 거대함을 매개로 일관된 감성이 연결되어 있다. 철도 구조물, 데크, 고속도로, 교량, 대규모 공원, 지하철 역사, 록 콘서트장 무대, 메가스트럭처,

로버트 스미슨,
나선형의 방파제, 1970

대지예술에서 언제부터인지 건축적으로 다시 해체하고 조립할 수 있는 기본의 질서가 있다고 느꼈다. 거대함이란 크기의 변수를 구성이나 조직으로 인식한다면, 기본 개체나 유닛의 질서 어느 언저리에서 건축과 연관성을 찾을 수 있다고 생각했다.

물고기 무리(a School of Fish)는 하나하나 작은 개체이지만 지구상에서 가장 큰 집합체를 이룰 수 있다고 한다. 새의 무리(Flock of Birds)도 마찬가지이다. 개체가 같이 움직이면서 뭉치고 헤어지고 수축하고 확장하면서 무리는 끊임없이 변화한다. 생존 수단으로서 서로 간 공유의 감각이 없다면 성립할 수 없는 어떠한 질서이다. 거대함을 이루는 구성을 분석하면 그러한 질서를 발견할 수 있을 듯싶었다.

거대함이란 단위 개체로 나누어 보면 그들이 서로 연결되는 구조가 더욱 부각된다. 규모를 구성하는 단위의 반복이나 복제 등의 수단에서 건축으로 이어지는 구조를 찾을 것으로 기대하였다. 기나긴 고속철도나, 고속도로도, 교량도, 여러 요소를 묶는 조경도, 장대한 메가스트럭처도, 개체를 기준으로 자르고 묶는 구조 속에 적어도 응용 가

새의 무리는 단위가 뭉치고 헤어지고 수축하고 확장하는 거대함의 질서이다.

능한 건축적 개념이 내포되어 있다고 생각했다.

거대한 구조의 패턴을 정립하는 일에서 분석을 구체화했다. 단위가 반복되고 복제되는 방법을 제어하는 내면의 패턴을 찾는 일이었다. 마크 피셔가 거대 무대 구조를 좁은 비행기 안에 적재하는 대안, 콘스탄트가 거대 플랫폼 구조를 기존 도시 위에 조립하는 대안, 그러한 반복과 복제의 패턴을 상상했다. 베르트랑 사진의 농장과 마을과 자연, 그리고 사람과 동물과 건물의 찰나적 패턴은 그들의 집합 구조를 이해하는 중요한 실마리였다.

그리드를 참조했다. 현실적인 건축에 적용하기 위해서는 좀 더 단순한 체계로 정립할 필요성을 느꼈다. 그리드는 집합을 구성하는 기본 패턴이나 성장을 준비하는 패턴이기도 하다. 무한대로 뻗어나가는 거대함의 패턴을 염두에 두되 부분적인 구조로서 기본의 체계를 정립하는 결론, 적어도 하나의 대안을 추구했다. 신대륙에 들어선 새로운 거주지는 그리드로서 강을 넘고 산을 넘어 무한히 성장하는 일반의 패턴이었지만, 그리드 구조는 각각의 도시마다 독자적인 기본의 체계로 발전했다. 그리드의 연계된 체계로서 건축과 접목되는 지점을 모색했다.

그리드는 점이나 선을 중심으로 바라볼 수도 있고, 이들 두 가지 요소를 겹쳐서 혹은 수평이나 수직을 강조하여 바라볼 수도 있다. 그리드 두 개씩을 묶은 타탄 그리드(Tartan Grid) 혹은 각각의 간격에 차이를 둔 변형의 그리드도 생각할 수 있다. 그중 수평이 좀 더 강조되고 서로 연계를 강화한 하나의 체계, 그것을 '밴드'라는 개념으로 집합형태의 대안으로 발전시켰다. 거대함을 기본의 감성으로, 수평을 강조한 그리드를 기본 체계로, 서로 연계가 강화된, 경계를 뚜렷이 나누지 않는 구조를 엮어 집합 형태의 또 다른 갈래로 규정했다. 몇 가지 프로젝트를 밴드의 개념에서 작업했다.

가평 주거단지, 계획, 2010

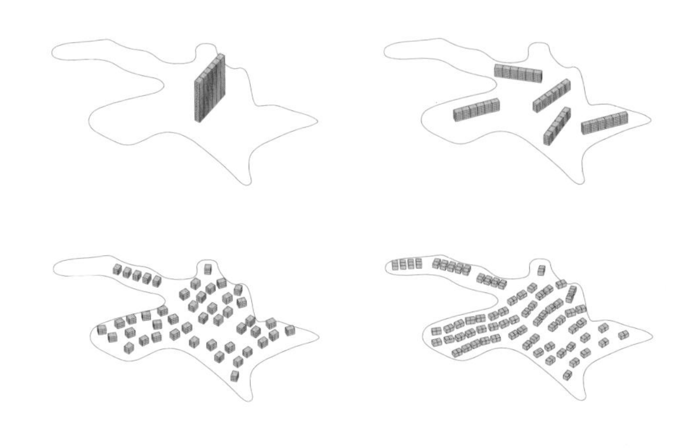

북한강 언저리 구릉지에 들어서는 약 150세대의 교외 주거단지 프로젝트였다. 진입 도로에서 시작해 세 갈래 계곡으로 점차 레벨이 높아져 북한강으로 조망이 가능한 지형적 특성이 있었다. 단위 주택 규모 약 40평으로 주말주택 혹은 저층 주거지의 대안이 계획의 목표였다. 단지 전면에는 단독주택군, 후면에는 연립주택군이 들어서는 배치를 상정했다.

대지를 공동으로 소유하는 단지로 구상했다. 지면에 접하는 기본 2개 층 독립된 주택을 기준으로, 외부공간을 공유하는 블록형 공동체의 주거단지를 지향했다. 단독과 연립은 같은 평면에서 주변의 주택과 벽을 공유하는 해법만이 다른 변형이었다. 공동체의 다양한 프로그램을 염두에 두고 단지 공동의 시설도 보완했다.

강변을 향해 일렬로 반복되는 수평 구조의 밴드 개념을 제시했다. 경사지에 순응하고 조망을 확보하며 남쪽을 향한 배치까지 적정한 자세라 판단했다. 수평의 미세한 경사 안에서 높이와 좌향을 일부 조정해 변화감 있는 수평의 그리드 체계로 발전시켰다. 부지의 외곽선을 의식하는 완결형 배치보다는, 지형 안에서 얼마든지 수평으로 뻗어나갈 수 있는 열린 경계의 배치를 제시했다.

일렬로 반복되는 건물군은 당연히 부지의 높이에 대응했다. 위치와 높이에 따라 수평의 띠마다 서로 다른 주택의 유형을 제안했다. 중정·보이드·테라스·옥상을 매개로, 서로 간섭을 피하고 한강의 조망을 공유하는 기본의 주거유형을 완성했다. 유형을 바탕으로 수평띠마다 별도의 5인 건축가의 개성을 더해 공동의 작업으로 최종 설계를 마무리했다.

S:1/2,500

중정, 보이드, 테라스, 옥상을 매개로 간섭을 피하고 조망을 공유하는 주거유형

부지의 외곽선을 의식한 완결형 배치보다는 지형 안에서 열린 경계의 배치를 제시했다.

건축유형 안내도

주거 유형에 근거, 수평띠마다 별도의 5인의 건축가 공동의 작업으로 완성했다.

강변을 향해 일렬로 반복되는 수평 구조의 밴드 개념을 제안했다.

사직공원 ‘스텝’, 광주, 2011

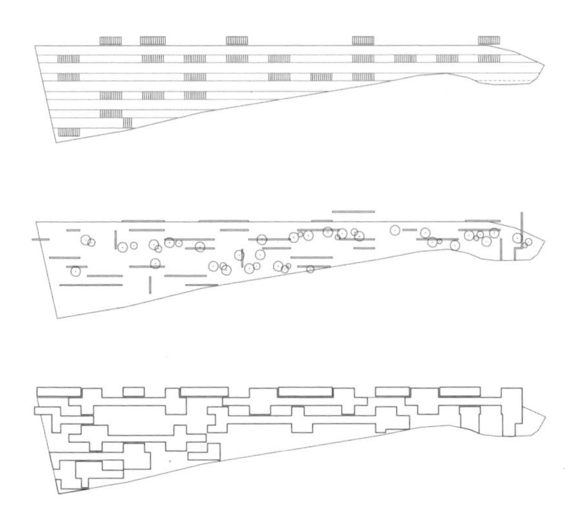

광주 사직공원 공공아트 프로젝트 중 하나였다. 광주에서는 비엔날레를 계기로 도심에 광주 폴리 프로젝트를 연속적으로 진행하고 있었다. 공공아트 프로젝트 역시 유사한 작업이지만, 도시가 아니라 공원을 정비하는 수단으로 폴리의 개념을 응용했다. 사직공원에 여섯 개의 공공아트 프로젝트가 기획되었고 공원 초입의 땅을 배정받았다.

광주천에서 진입해 사직공원으로 이어지는 좁다란 삼각형의 부지였다. 경사도 심하고 오랜 기간 거의 방치되어 있었기에 잡목이 우거진 땅이었다. 가장 낮은 도로 하단부터 상단의 평지(이전 광주 KBS)까지 거의 12m 차이, 경사 도로 맨 윗단에서는 약 3m 차이로 계산되었다. 부지의 폭은 15m에서 4.5m 정도로 좁아지는 복잡한 형상이었다.

공공의 아트 프로젝트(혹은 광주 폴리)의 작업에서 가장 중요한 변수는 장소성이라 생각했다. 따라서 프로젝트는 자신 내면의 개성이나 의지를 드러내는 자세보다는, 주변 환경의 여건에 따르는 보완이나 조정의 역할로 제시되어야 한다고 생각했다. 자체 완결의 독립적인 형태보다는 공공의 장소와 교류하는 열린 구조의 인프라적인 구조체를 상정했다.

부지의 높이와 폭을 감안하니 여섯 개의 띠(폭 1.5/1.8m, 높이 2.1m)가 경사에 따라 두 개로 줄어드는 수평 테라스 구조가 가능했다. 경사로에 놓인 통로와 계단이 교대되는 무한의 구조체계, 주변의 도로와 공지에 자연스레 연결되는 밴드의 구조체계, 그것을 부지에 압축해서 조직했다. 이동·휴게·조망·관람·이벤트·전시 등 어떠한 용도로도 활용 가능한 경사진 광장의 역할을 기대했다.

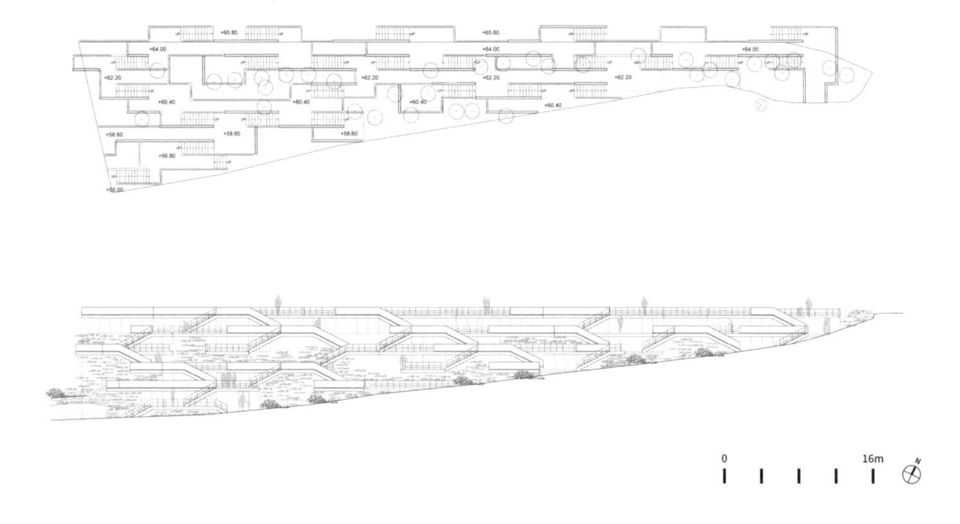

이동, 휴게, 조망, 관람, 이벤트, 전시의 경사진 광장 역할을 기대했다.

내면의 개성이나 의지보다는 주변 여건에 따르는 보완이나 조정의 역할을 제시했다.

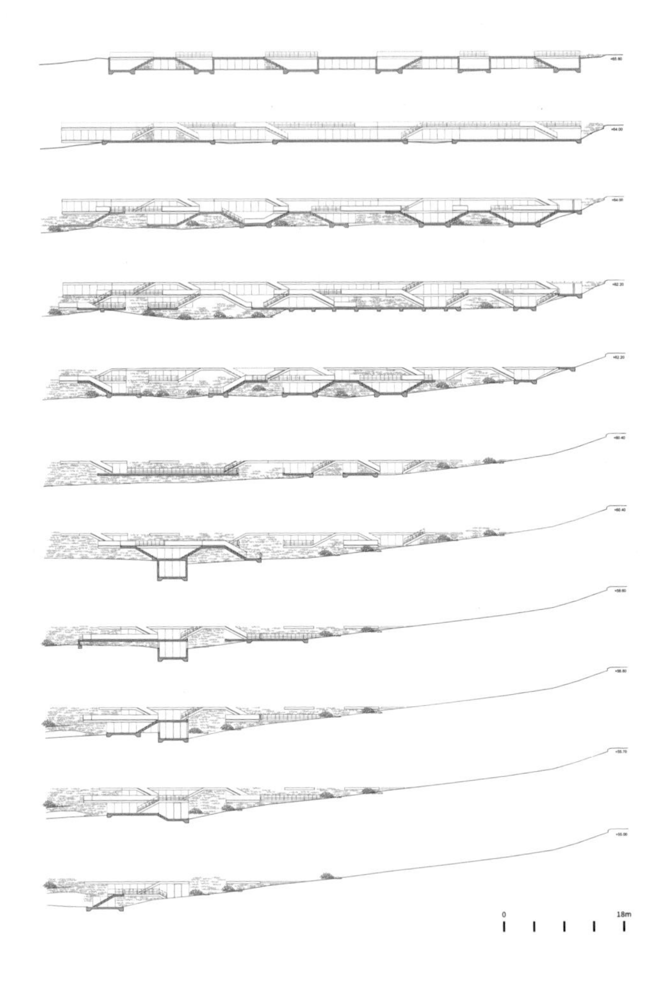

자체 완결의 독립 형태보다는 공공의 장소와 교류하는 열린 구조의 인프라 구조체

통로와 계단의 무한 구조 체계, 밴드의 구조 체계, 그것을 부지에 압축한 조직

과천지구 도시건축 통합 마스터플랜, 현상설계, 2020

DA그룹 공동 작업

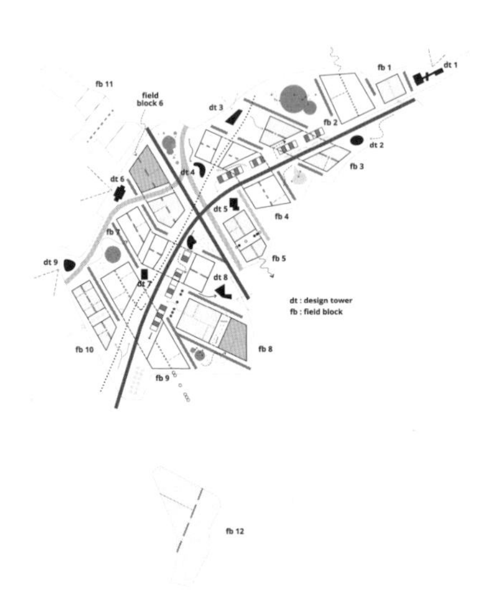

3기 신도시 프로젝트의 현상설계 제안이었다. 양재동에서 과천으로 넘어가는 그린벨트 지역 일부를 주거지로 개발하는 프로젝트였다. 그간 도시 제안 먼저 만들고 거기에 단지계획 안을 입히는 절차를 통합해, 도시와 건축을 함께 구상하려는 주최 측의 의지가 돋보였다. 도시 체계·소블록·가로공간 등의 새로운 해법이 요구되었다. 슈퍼 블록과 단지계획만으로 진행한 그간의 신도시 모습을 바꾸려는 진전된 시도에 공감했다.

우리가 도시를 만들어가는 누적된 제도나 법규는 바뀌지 않았지만, 제약 내에서라도 새로운 대안을 찾는 시범의 과제라 생각했다. 그간 반복해온 도시와 건축의 구태의연한 해법을 탈피하여 현실적인 여건 내에서라도 새로운 모델을 제시할 수 있다고 판단했다. 대지를 나누는 해법보다는 도시를 조성하는 다른 차원의 대안이 필요하다고 다짐했다.

과천지구는 청계산과 우면산 사이 약 50만 평의 부지이다. 좁고 긴 자연지세의 일부 영역이었기에, 주변을 포함해 지형을 활용하는 자세에서 도시구상의 단초를 마련했다. 남북을 교대로 이어가는 건물과 오픈스페이스의 무한한 밴드를 생각했다. 수직의 축이 주변의 여건에 맞추어 조정되고 제어되고 변형되는 구조체계로 조직했다.

도시구상은 건물과 오픈 스페이스의 형상이 장소적인 특성으로 정형화되는 체계를 만드는 일이다. 도시 프로그램이 지형과 주변에 대응하면서, 수직축이 방향을 틀어가며 반복되는 확장의 체계로 발전시켰다. 미세한 조건에 따라 사이사이 분산의 영역도 덧붙였다. 오픈스페이스의 체계에 기대어, 세분된 주거 유형과 건축 유형을 마련하여, 도시와 건축의 통합 마스터플랜을 완성했다.

건물과 오픈 스페이스의 형상이 장소적인 특성으로 정형화되는 체계

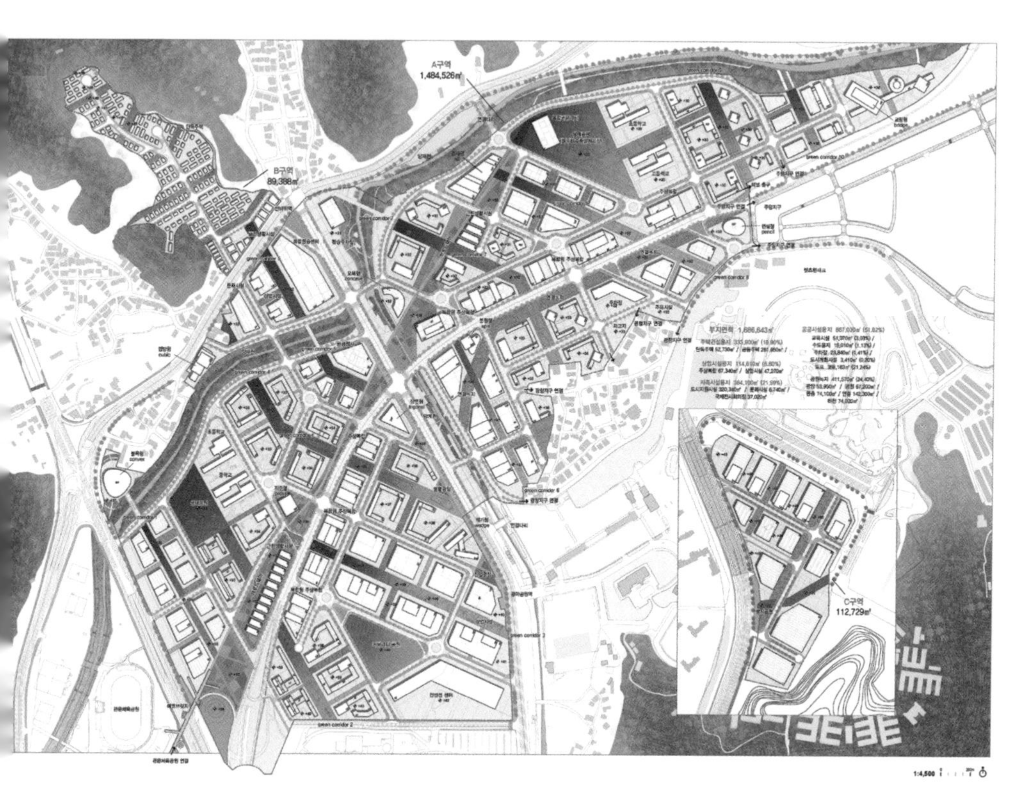

오픈 스페이스 체계에 기대어 주거 유형, 건축 유형이 통합되는 도시와 건축의 마스터플랜

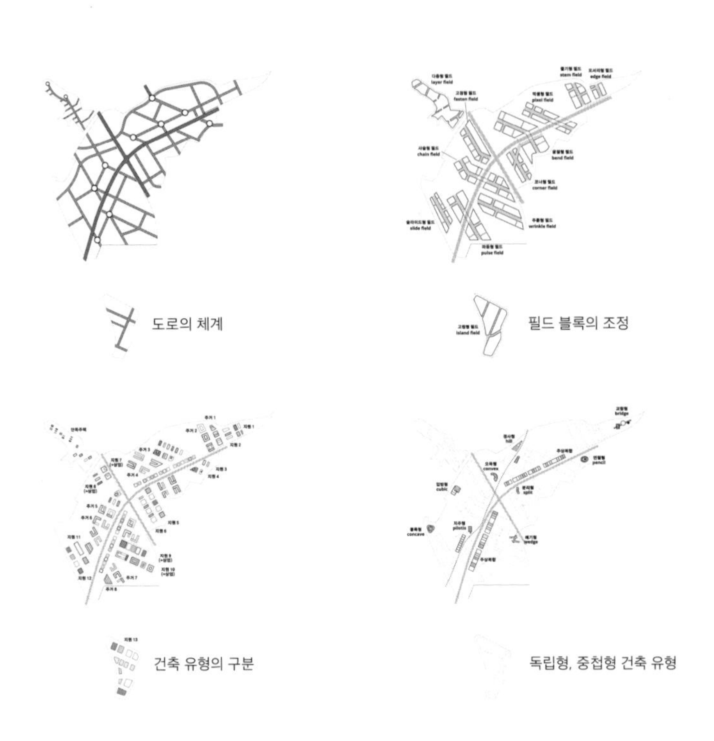

도로의 체계

필드 블록의 조정

건축 유형의 구분

독립형, 중첩형 건축 유형

도시 프로그램이 지형과 주변에 대응하면서 수직축이 반복되는 확장의 체계를 제시했다.

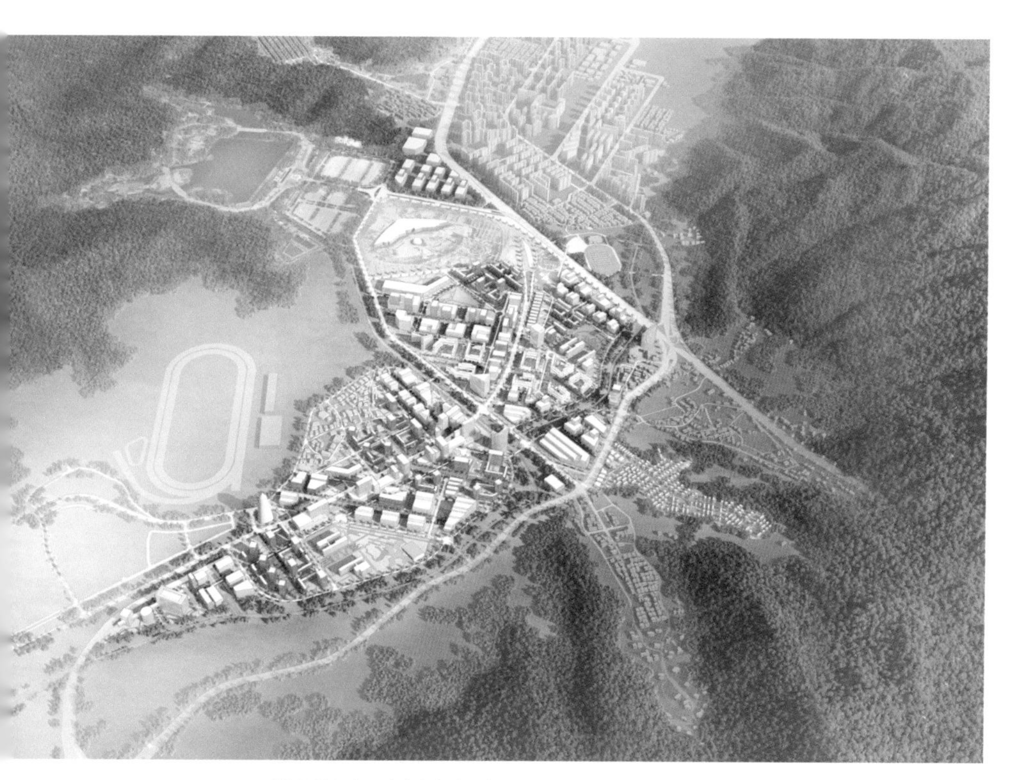

지형을 활용하는 자세에서 건물과 오픈 스페이스의 무한한 밴드를 제안했다.

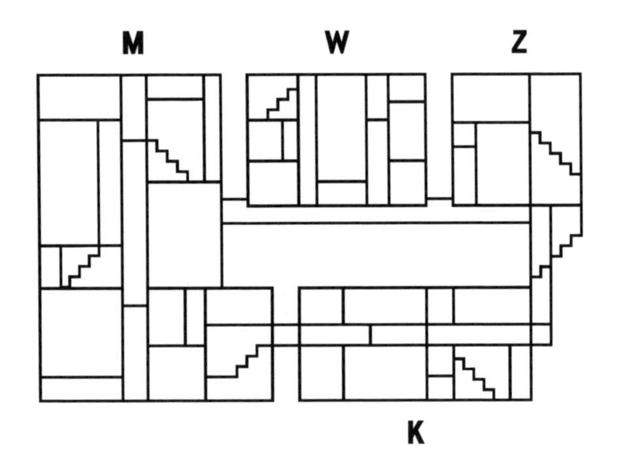
M
W
Z
K

필드 블록
Field Block

2017년 오랜만에 바르셀로나의 친구로부터 연락을 받았다. 서울시 총괄 건축가 제도의 도입 초기 스터디에 많은 참조 자료를 건네주었던 바르셀로나 총괄 건축가 비센테(Vicente Guallart)였다. 그의 자문으로 총괄 건축가 제도의 세세한 역할과 규정의 기본 골격을 마련했다. 그 후에도 가끔 바르셀로나 총괄 건축가가 진행하는 슈퍼 블록 대안 등 현안 작업을 보내주었다. 바르셀로나와 서울의 협력 가능한 업무와 같은 일반적인 대화를 나누었다.

대화 막바지에 일데폰스 세르다(Ildefons Cerdà)의 《도시화의 일반 이론(General Theory of Urbanization)》 출간 150주년 기념 영어 번역판을 낸다고 알려주었다. 1867년 마르크스의 《자본론》이 출간된 같은 해에 세르다의 책도 출간되었다고 덧붙였다. 벌써 150년이나, 아니 150년밖에 안 되었나 잠시 생각을 가다듬었다.

세르다. 바르셀로나 그리드를 창안해 지금의 바르셀로나 도시 모습을 만든 사람이다. 흔히 세르다 그리드라 말하는 팔각형 반복의 도시 토대를 제시해 어느 도시보다 특이한 바르셀로나 풍경을 만든 도시계획가였다. 도시화(Urbanization)도 그가 처음으로 사용한 단어였다. 그 시대부터 현재까지 바르셀로나에서 비난과 찬사를 동시에 받은 시대적인 혁명가였다. 바르셀로나 건축가들이 그를 마르크스와 거의 동급으로 받아들인다는 사실도 새삼스러웠다.

바르셀로나 올림픽의 야외 다이빙장, 1992

내게 바르셀로나의 첫인상은 올림픽이었다. 서울 다음 개최 도시가 바르셀로나였다. 서울 올림픽의 경험이 강렬해 어느 올림픽보다 국민적인 관심이 연장된 올림픽이었다. 바르셀로나의 특이한 마스코트 디자인을 보고 만만치 않은 도시라는 생각이 들었다. 황영조가 몬주익 언덕에서 일본 선수를 제치는 장면은 역사적인 순간이었다.

그러나 바르셀로나 올림픽이 남긴 가장 인상적인 장면은 야외 수영장의 다이빙 사진이었다. 서울 올림픽의 실내 수영장을 공간 설계 사무실에서 작업하였기에 관심을 두고 보았다. 야외 다이빙 장면은 의외였다. 실내 수영장의 건축 각론에서 경영장과 다이빙장이 대개는 함께 놓이기에, 다이빙장(원래 있던 수영장을 개수)을 따로 떼어낸 사실이 특이했다.

다이빙 선수의 뒷배경에서 타워 크레인과 함께 공사 중인 가우디의 사그라다 파밀리아 성당을 발견했다. 생각해보니 다이빙 선수가 아니라 성당이 중심이었다. 모든 다이빙 사진이 그랬다. 일반 경영장이었으면 그런 뷰를 잡을 수 없었을 것이다. 세르다 그리드가 안내하는 사그라다 파밀리아, 가우디, 바르셀로나 도시를 배경에 넣기 위해 다이빙장을 그 높이에 배치했다는 생각이 들었다. 치밀하게 의도한 바르셀로나 올림픽이 남긴 명장면이었다.

바르셀로나 도시의 구체적인 관심은 거기서부터 시작됐다. 올림픽은 스페인이 프랑코 독재 정권을 끝내고 다시 유럽 무대에 복귀한 거의 첫 번째 대규모 행사였다. 그전까지 피레네산맥 아래는 아프리카라는 비아냥을 받던 나라였다. 올림픽이 끝나고 1990년대 중반 이후는 스페인이 문화적으로 다시 예전의 영광에 다가서는 시기였다. 그중 선두 자리에 바르셀로나가 있었다.

팔각 성냥갑을 쌓아 모은 듯한 도시 모습이 강력했다. 가운데를 찢고 가는 사선 도로(Av. Diagonal), 가우디의 기묘하고 독보적인 작업도 강렬함을 더했다. 그때쯤 통계로 바르셀로나 관광객 대부분이 가우디를 보러 방문한다는 기사도 있었다. 스페인과 뿌리가 다른 역사, 독자적인 카탈루냐어 사용과 같은 일반 상식도 쌓아갔다. 스페인 내전 시기 국제여단의 어니스트 헤밍웨이, 조지 오웰, 빌리 브란트가 얽힌 스토리도 인상적이었다.

여러 차례 찾아갔다. 어림잡아 20여 차례 이상이니 숫자로만 따지면 바르셀로나가 가장 많이 방문한 도시이다. 건축가들의 작품을 보았고, 조경 작업을 방문했으며, 일반 관광도 했고, 칼소트를 먹었고, 주변 도시들도 찾아다녔다. 자연경관과 역사적 명소와 도시적 좌표에 익숙해졌다. 작업도 전시도 강의도 하다못해 가이드까지 해보았다.

점차 가우디보다는 세르다의 도시구조로 관심이 전이되었다. 기억의 바르셀로나, 매번 걷던 길은 당연히 규칙적인 그리드로 저장되어 있었다. 113.3m의 그리드 반복이니 당연한 이치였다. 어느 날 건물

바르셀로나의 팔각 그리드 블록,
만차나(Manzana)

옥상에서 그리드 블록(Manzana)의 제각각 모습을 발견하였다. 너무나 다양한 변주가 있었다. 블록 하나하나 모두를 다르게 바라보는 계기가 되었다. 지면에서 마주치는 개별 그리드의 모습도 모든 것이 변형(Variation)이라는 생각으로 바뀌었다. 기본 유형이 변화된 집합 형태의 사례로 가득 차 있었다. 그들로 이루어진 도시가 바르셀로나였다.

바르셀로나 그리드 이야기는 1850년대부터 시작한다. 바르셀로나는 지금의 고딕지구 성채 안에 갇혀 있었다. 바르셀로나는 스페인에서 거의 유일하게 산업혁명이 성공한 지역이었기에, 직물 산업의 파장을 고스란히 성채 안에서 수용하고 있었다. 엥겔스가 묘사한 맨체스터의 상황과 조금도 다르지 않은 거주 여건이었다. 평균 수명은 30세에 머물렀다. 바르셀로나는 산업혁명 시기 런던이나 파리보다 밀도가 2배나 더 높은 상황이었다.

성채 내부에서 밀도를 높이는 여러 시도가 있었다. 성벽 내 비어 있는 공간 어디든 건물이 파고들었다. 길에서 돌출하거나 길을 가로지르는 건물 등 비정상적인 압축적 개발이 횡행했다. 마차가 통행하는 도로의 상황은 더 말할 나위도 없었다. 콜레라 포함 전염병이 자주 창궐했다. 거주 여건은 부자나 가난한 자 가리지 않고 바르셀로나 도시의 삶을 중세로 후퇴시켰다.

바르셀로나에는 성벽에 둘러싸인 고딕지구를 포함해 일곱 개의 마을이 있었다. 성벽을 부수라는 시민들의 요구가 빗발쳐 결국 1844년 성벽은 무너졌고, 바르셀로나와 스페인 중앙정부에게 성벽을 넘어 폭발적인 인구를 재배치하는 급격한 디자인 플랜을 요구했다. 정치적인 결단이 요구되는 시기였다. 그때 세르다가 말 그대로 혜성처럼 등장했다.

세르다는 그때까지 무명에 가까운 엔지니어였다. 그는 바르셀로나의 현실을 타개할 도시나 도시 이론의 선례가 없음을 깨닫고, 과거의 유산보다는 근대적이고 과학적인 개념의 독창적인 아이디어를 추론해냈다. 일개 토목 엔지니어로서 그는 그 시대 바르셀로나가 필요로 하는 도시 확장의 적확한 대안을 발표했다. 지금은 그가 근대 도시계획의 선구자로 여겨진다.

그의 확장안 제안에는 위생의 변수가 맨 앞에 있었다. 신선한 공기와 풍부한 햇빛, 하수처리와 녹지 공원의 필요성을 과학적으로 분석했다. 사람과 물자의 흐름도 검토했다. 증기 트램 등 새로운 교통수단(자동차는 발명되기 전)을 도입했고, 시장과 학교와 병원 등 서비스 기능도 중시했다.

사회주의(Utopian Socialist) 시대답게 그의 제안에는 노동자 계급이 중심에 있었다. 노동자의 현실을 통계적으로 분석해 급진적인 대안을 제시했다. 거주지를 빈부의 영역으로 나누지 않았고, 토지 재정비에 따라 소유의 새로운 모델도 제시했다. 새로운 도시의 성패가 거기에 달려 있다고 믿었기 때문이었다.

결국 최종의 제안이 지금도 우리가 보는 바르셀로나 그리드, 세르다 그리드를 기본으로 하는 창의적인 도시구상이었다. 그리드 안에서 보행자와 마차와 트램이 계획되었고, 가스와 하수도 등 인프라 시설이 정비되었고, 거기에 공공과 개인의 정원까지 통합되었다. 성벽을 넘어서고 주변 마을을 포용하는 새로운 도시 영역이 그리드를 기준으로 무한히 반복되고 확장(Eixample)되는 제안이었다.

제안이 실행되는 과정도 극적이었다. 바르셀로나 건축가들은 엔지니어인 세르다를 무시했고, 심지어 공산주의자로 몰아 세르다 확장안에 적극 반대했다. 시정부는 현상설계를 주최해 1859년 고전적인 확장안(Antoni Rovira)을 당선안으로 뽑았다. 투자자들의 호의와 중앙정부의 개입으로 우여곡절 끝에 다시 세르다 안으로 복귀했다. 거기서 가우디의 작업도 시작되었다.

세르다 그리드는 교통의 편의를 위해 가각을 자른 500개가 넘는 8각형의 블록을 만들어냈다. 내부를 비우고 외곽에 늘어선 높이 16m, 폭 20m, 깊이 14m의 개별 건축지침도 있었다. 실지 실행 과정에서 세르다의 구상은 많은 부분이 조정되었다. 자본의 실행력에 따라 계급별 영역이 나타났고, 블록의 높이와 녹지는 무시되었다. 사선(Diagonal)은 하나만 살아남았다. 건축지침도 조정되었다.

결과적으로 블록은 집합의 건축으로 구성되었다. 너무 넓은 도로, 단조로운 그리드, 판에 박은 8각 블록 등으로 비난하던 바르셀로나 건축가들의 실험장과 각축장이 되었다. 많은 건축가에게 혜택이 돌아갔다. 모더니즘 시기를 거치며 건축주와 건축가의 경쟁 심리에 힘입

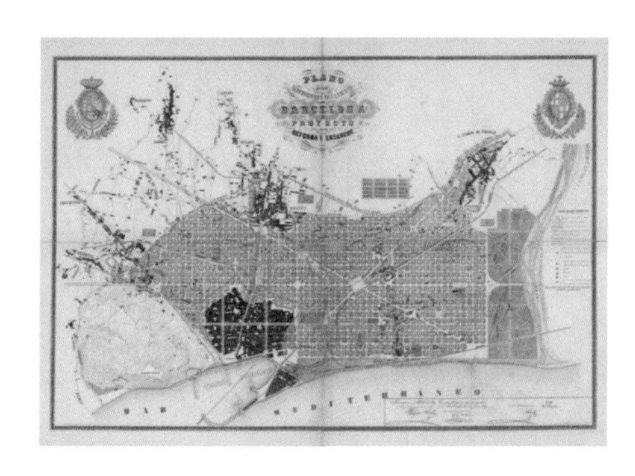

일데폰스 세르다, 도시화의 일반이론,
바르셀로나 그리드, 1867

어, 블록별 집합의 건축은 가로별 특성을 더해 독특한 바르셀로나의 풍경으로 완성되었다.

세월이 흘러 올림픽을 계기로 세르다는 바르셀로나를 상징하는 인물로 부각되었다. 바르셀로나는 세르다를 내세워 도시의 성공 스토리를 전파하고 있다. 어두운 지방 도시를 빛나는 근대 도시로 바꾼 그의 전기는 카탈루냐 교과서에도 들어있다. 그는 그리드 창안의 보상은 받지 못하고 빚만 남기고 타계했다고 전해진다.

바르셀로나 고딕지구 안에는 바르셀로나 시청사가 있다. 고딕지구는 그라시아(Gracia)·사리아(Sarria) 등과 더불어 세르다 이전의 도시 구조가 남아있는 구역이다. 미로의 좁은 길에서 중세의 분위기를 느낄 수 있다. 하지만 이름과 다르게 주요 건물은 대부분 19세기말과 20세기초에 재건되었다. 산업혁명 시기 혼돈의 도시구조는 이제는 찾아보기 힘들다.

고딕지구의 역사는 로마시대까지 거슬러 올라간다. 로마와 중세

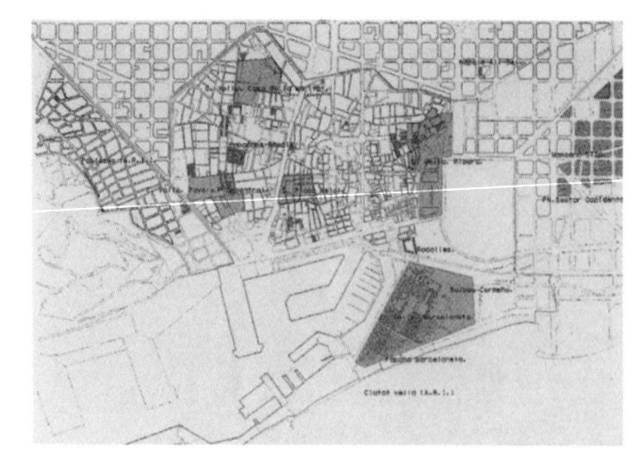

바르셀로나의 고딕지구

시대의 성벽이 일부 남아있고 로마 신전의 자취도 찾을 수 있다. 오래된 유대인의 지역이 모던한 쇼핑센터와 공존하고 있다. 바르셀로나 시청, 카탈루냐 주정부 청사가 여기에 위치한다. 시대가 다른 여러 종류의 광장도 흩어져 있다.

고딕지구를 남북으로 뚫고 바다까지 이어지는 대로(Via Laietana)에 면해 좁은 길(C. de Jaume)이 연결되어 있다. 로마 유적지 주변이다. 나지막한 경사가 시청 앞의 산하우메 광장(Placa de San Jaume)까지 지속되는 길이다. 그 경사진 도로가 로마 시대의 유산이라고 한다. 도로의 프로파일은 바뀌었을지언정 경사도는 그대로 지켰다고 한다. 바르셀로나 건축가 마누엘 가우사(Manuel Gausa)가 가르쳐준 이야기다.

도로의 경사가 유산이라니, 세상에 듣도 보도 못한 접근이었다. 산 하나가 금방 뭉개지는 나라에서 온 상식으로 도저히 이해하기 어려웠다. 길이야 예전부터 존재하는 유산이라고 해도, 도로의 위치도 아니고 폭도 아니고 포장도 아니고 남기고 지킨 것이 경사라니. 도로를 다시 걸으며 경사를 생각하니 갑자기 길과 주변이 그전과 달라 보였다. 경사진 도로의 유산은 보존의 대상으로 너무나 충분했다. 두고두고 되새기는 교훈이 되었다.

언젠가 마누엘이 한국에서도 “아기 돼지 삼형제” 이야기(어딘가에 쓴 적이 있다)를 아이들에게 들려주냐고 물었다. 이런저런 애 키우는 얘기를 하던 중이었다. “아기 돼지 삼형제”는 조셉 제이콥스(Joseph Jacobs)가 구전된 이야기를 바탕으로 쓴 동화이다. 디즈니에서 오래전에 영화로도 제작했다. 여기저기 그림책으로 굴러다니며 우리에게도 익숙한 이야기라고 대답했다.

모두들 아시다시피, 돼지 삼형제가 엄마로부터 독립해 각자의 집을 짓는 이야기다. 첫째는 지푸라기로, 둘째는 나무로, 셋째는 벽돌로 집을 짓는다. 늑대가 나타나 지푸라기 집을 날리고 나무집도 무너뜨리고 셋째의 튼튼한 벽돌집에서 함께 살아남는다. 뒷얘기가 조금 더 있다. 마누엘은 건축가로서 그 세 가지 종류의 집에 관심이 있다고 얘기했다.

이런 동화가 너무 어린아이 때부터 건축의 보수성을 세뇌한다는 요지였다. 벽돌집의 효용성이란 신화에 매몰되어 다른 대안의 건축적 사고를, 마치 늑대의 입김처럼, 뿌리째 날려버린다고 지적했다. 지푸라기의 하이테크 가능성, 나무의 친환경적 가능성이 무시되고, 단지 전통적인 조적조의 건축이 최고라는 인식을 강요한다고 했다. 세상의 모든 얘기도 건축가의 시각으로 바꿀 수 있는 해석이었다.

마누엘은 《콰던스(Quaderns, 노트북)》란 잡지의 편집인으로 현대건축의 수없는 논쟁을 주제별로 정리한 이력이 있다. 플래쉬(Flashes)·스파이럴(Spiral)·루프(Loop) 등 헤아릴 수 없는 주제로 내게도 현대건축 이해의 중요한 실마리를 제공했다. 그것이 집대성된 《현대건축 사전(the Metapolis Dictionary of Advanced Architecture)》(2003)의 중심 저자였다. 관심이 가는 건축적 주제에 그의 눈을 빌린 적이 많았다.

바르셀로나의 건축과 조경 프로젝트도 그의 안내로 한참을 돌아다녔다. 구석구석 잘 정리된 외부공간의 디자인은 바르셀로나 도시를 평가하는 중요한 기준으로 평가된다. 이러한 프로젝트를 담당하는 AMB(Area Metropolitana de Barcelona)라는 조직도 결국은 그의 소개(총괄 Willy Müller)로 알게 되었다. 바르셀로나 주변 도시를 포함해 광역적으로 조경과 인프라의 디자인을 직접 담당하고 있었다.

관광을 매개로 바르셀로나에서 진행하는 도시적 대응의 해법도 여러 차례 그의 관점에서 바라보았다. IAAC(Institute for Advanced Architecture of Catalonia)에서, 제노아 대학에서, 서울시에서, 몇몇 작업을 그와 공동으로 진행했다. 건축을 벗어나는 스케일의 작업에서 새로운 사고와 남다른 접근 방법을 함께 공유했다. 파주출판도시 2단계의 건축지침 작업도 그와 협업으로 바르셀로나에서 진행했다.

2006년쯤, 스페인은 건축의 호황기였다. GDP에서 건설 비중이 유럽에서 가장 높게 차지하며 몇 년을 지속하고 있었다. 교통·교육·의료·주거시설 등 공공시설에 막대한 투자를 반복했다. 새로운 인프라 주변에 다양한 프로젝트가 진행되고 있었다. 넘쳐나는 일로 프로젝트 협업을 겸해 학교에 자리를 하나 만들자는 초청을 받았다.

그때는 바르셀로나보다는 마드리드에 관심이 있었던 시기였다. 올림픽 이후 바르셀로나가 먼저 치고 나갔지만, 이후 스페인의 수도답게 대부분의 건축적 역량이 마드리드에 집중되는 느낌을 받았다. 뛰어난 건축가의 작업, 최신의 건축적 흐름이 마드리드를 중심으로 벌어지고 있었다. 마드리드 유러피안 대학에 자리를 하나 얻었다.

마누엘 가우사 외,
《현대건축 사전》, 2003

준비 기간을 거쳐 막상 2008년도 마드리드에 도착하니 스페인 경기는 심각한 내리막이었다. 협업은커녕 스페인 건축가들이 앞다투어 외국으로 탈출하는 시점이었다. 덕분에 마드리드 계획은 많이 수정되었다. 학교가 주요 일정이 되었고, 서울 사무소의 일을 원격에서 진행하며 보내는 시간이 되었다. 바르셀로나를 정기적으로 방문하면서 마누엘과 공동으로 파주출판도시 2단계 건축지침 작업을 진행했다.

파주출판도시 1단계의 건축지침을 약 150개의 프로젝트에 적용한 후, 차츰 도시적 풍경이 드러나면서 여러 반향이 있었다. 지침을 적용한 개별 건축들이 서로 경쟁하는 듯한 인상을 준다는 평가였다. 건축 유형으로 규정된 개별 건축이 통합된 도시적 풍경을 의도했으나, 건축가의 개성이 너무 압도적이어서 집합보다는 단절된 경연의 느낌이 강하다는 의견이었다.

2단계 건축지침은 개별 건축보다는 도시의 풍경을 지향하는 연

바르셀로나 슈퍼 그리드 스터디, 2015

계된 건축을 더욱 강조해야 한다는 기본 전제를 설정했다. 바르셀로나에서 오랜 작업 끝에 '필드 블록'이라는 개념을 도출하였다. 필드 블록은 4개에서 6개의 건물이 만들어내는 집합 건축의 단위였다. 바르셀로나 블록의 이채로운 변화를 참조해 개별 건축을 묶는 집합 건축의 자세를 구축했다. 파주출판도시 2단계의 지침은 필드 블록으로 나누어진, 서로 다른 건축적 집합 형태를 도시 풍경의 근간으로 삼는 전략이었다.

필드 블록은 집합 단위를 중심으로 필지의 조건과 구획에 맞추어 개별 건축이 자리하는 방식을 주목하는 개념이었다. 필드 블록은 개별 건축의 연계를 더욱 중시하는 해법이었다. 바르셀로나의 블록은 합벽 건축이기에, 파주출판도시의 필드 블록은 독립된 개별 건축으로서 서로 간격을 벌려, 그들이 만들어내는 외부공간의 변화에 더욱 주목했다.

집합 형태의 뿌리와 줄기에 또 하나 더해 축적할 수 있는 개념이라 생각했다. 유형·매트·모듈·질서·성장·체계·연계 등 여러 갈래의 주제를 집합시켜 병렬시키는 개념이었다. 실제 프로젝트로 구체화되는 지점에서 마누엘의 이론적 추리의 도움을 받았다. 그가 현대건축을 바라보는 관심사에서 집합 형태는 아주 일부분이었을지언정, 실마리와 마무리를 고심하던 입장에서 충분한 도움이 되었다.

대규모 건축이나 복잡한 프로그램의 작업 시, 필드 블록의 개념을 연장해 개별 건축 작업에도 적용할 수 있겠다는 생각으로 발전했다. 매스를 나누고 외부공간을 개입시키면서 그들이 만들어내는 집합 형태의 한 줄기를 정리할 수 있었다. 오랜 기간 바르셀로나를 바라보며 얻은 하나의 개념이었다. 파주출판도시 2단계 건축지침 작업이후 몇몇 건축의 작업에서 필드 블록과 집합 형태의 개념을 실험하였다.

파주출판도시 2단계 건축지침, 2011

마누엘 가우사(Manuel Gausa) 공동작업

파주출판도시 1단계의 건축지침은 건축유형을 기본으로 개별 건축가의 창의성을 발휘하는 전략이었다. 일반적으로 지침은 제한을 전제로 하는 것이기에 강한 제어를 의도할수록 실지 파생되는 건축의 다양성을 약화시키는 단점이 있다. 그간 활용되었던 도시설계나 지구단위계획 등의 규제가 효과를 보지 못하는 이면에는 그러한 개념적인 한계가 있었다.

2단계의 건축지침 역시 참여하는 건축가의 창의성을 존중하고

자, 제도나 법규보다 건축가들 공동의 논의 과정을 중시하는 전략에서 출발했다. 1단계의 건축지침은 심학산과 한강의 연계 속에서 좁고 긴 부지를 분할하는 건축유형을 중심으로 전개했다. 2단계의 지침은 커다란 유수지를 중심으로 두터운 부지가 반복되는 땅의 조건 차이 때문에 기본적 결이 다른 지침으로 발전되었다.

1단계 지침에서 보여주는 일련의 건축 유형과 대비해, 2단계의 지침은 소단위 블록별 건축적 집합의 형태를 도시 풍경의 근간으로 삼는 전략이었다. 필드 블록이라는 집합 단위를 중심으로 필지의 조건과 구획에 맞추어 개별 건축이 자리하는 방식을 구상했다. 필드 블록의 해법은 개별 건축의 완결은 담당 건축가의 몫으로 남기고 개별 건축간 연계를 더욱 중시하는 지침이었다.

여러 개 필드 블록의 개념은 집합의 군집에서 자유로운 독립유형을 교차시켜, 반복의 단조로움을 탈피하면서 건축 상호간 연계를 더욱 공고히 하도록 발전시켰다. 필드 블록 각각은 기본 산업시설군을 중심으로, 여타 상업시설·문화시설·주거시설 등 주어진 특수 프로그램과 유사한 규모로 집적되어, 17개의 집합 건축과 21개 독립유형의 대열로 이루어지는 2단계 도시와 건축의 지침으로 완성되었다.

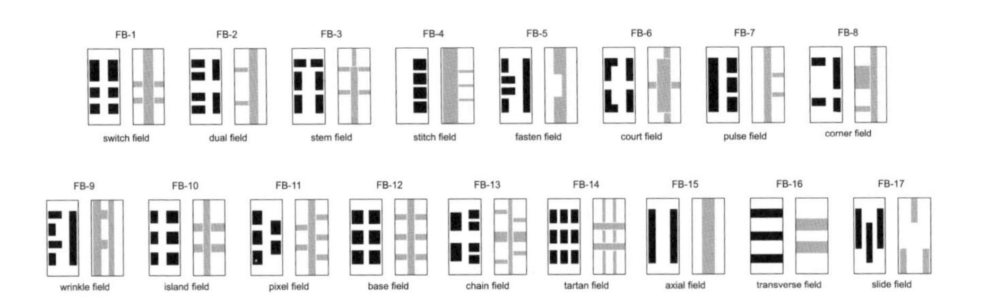

17개 필드 블록별 건축적 집합의 형태를 도시 풍경의 근간으로 삼았다.

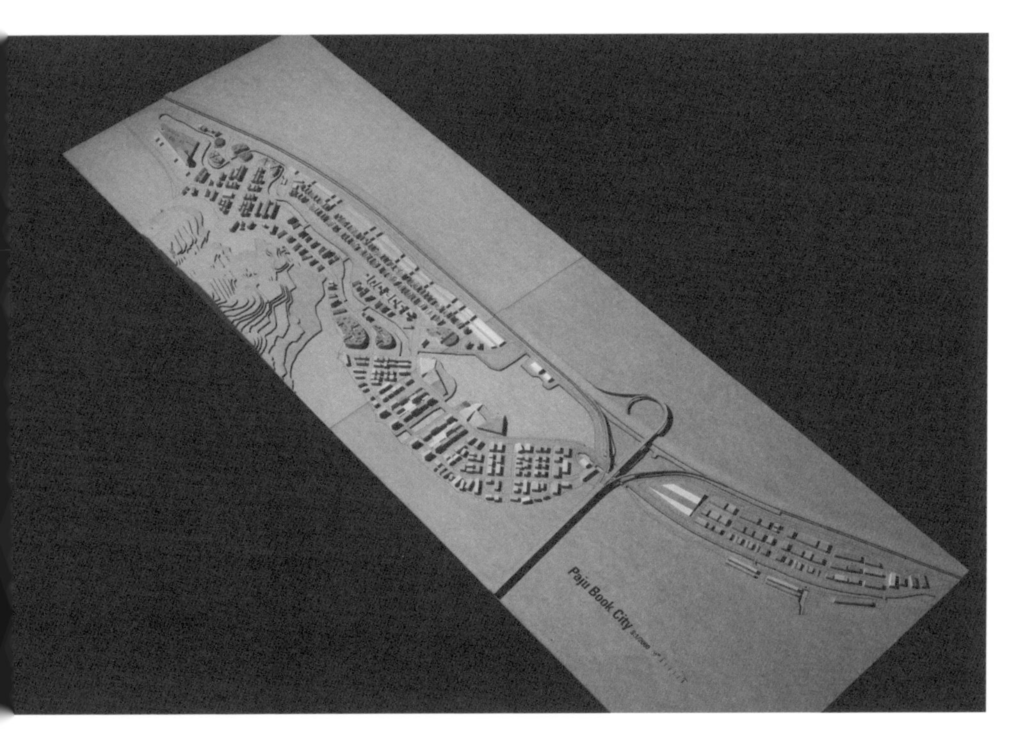

심학산 중심의 1단계 지침과 달리 2단계 지침은 커다란 유수지 중심이었다.

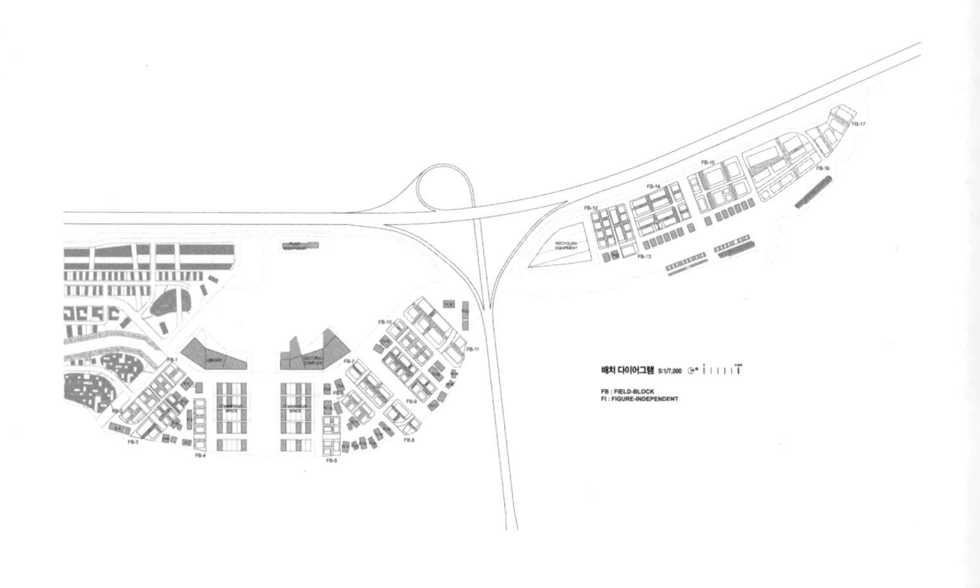

필드 블록이라는 집합 단위를 중심으로 개별 건축이 자리하는 파주출판도시 2단계 건축지침

©김종오

17개의 필드 블록과 21개 독립 유형을 교차시켜 단조로움을 탈피하고 개별 건축의 연계를 보완하였다.

ZWKM 블록, 서울, 2011

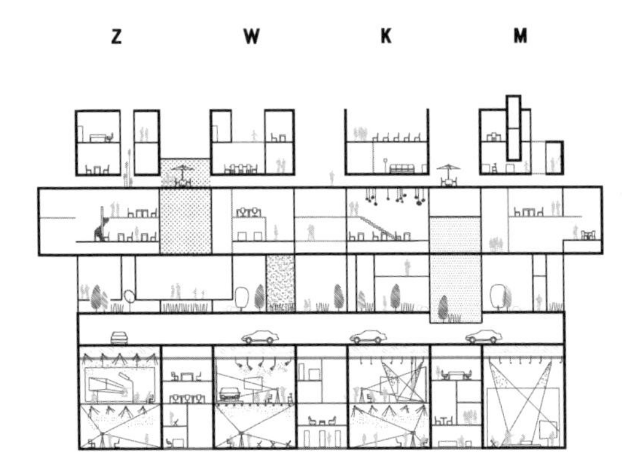

파주출판도시 2단계 지침의 작업을 끝내고, 서울 강남에 500여 평 필지를 나누어 네 개의 회사가 각각 사옥을 짓는 프로젝트를 진행했다. 파주출판도시 2단계 필드 블록의 개념과 집합의 건축 장점을 앞세워 네 개의 필지를 공동으로 설계하는 프로젝트였다. 네 개 회사 중 하나는 영상의 프로그램으로 파주출판도시 2단계에 참여하고 있었다.

500여 평을 네 개의 필지로 나누니(건축주), 개별 대지는 대략 파주출판도시 일반적인 사례의 절반 정도 규모였다. 네 개 혹은 여섯 개

동으로 집합되는 개별 필드 블록의 개념이 지향하는 목표와 정확히 일치했다. 외부공간과 지하 주차장을 공유하면서, 각각이 가지는 내부 개별 프로그램까지 선택적으로 공유할 수 있는 공동체 프로젝트의 사례로 발전시켰다.

대략 4층의 지상층을 2개 층씩 나누어 수평적 연계의 기준을 마련했다. 지하는 하나의 공간으로 통합하고, 지상에서는 네 개로 분산된 조직과 두 층씩 구분된 연계가 복합되는 구성이었다. 지상의 저층부는 같은 구조와 재료로, 고층부는 각기 다른 매스와 재료로 네 개 회사의 개성을 드러냈다.

오랜 기간 협의·조정·동의의 설계 단계를 거치면서 필드 블록 하나의 모델을 지향했다. 필지 간의 배타적인 권리 등 법적인 한계 때문에 기본적으로 네 개의 독자적인 건물을 설계하는 프로젝트(허가도 별도)였지만, 건물 간 연계의 묘수로 공유의 대안을 마련했다. 내부 프로그램의 공유까지는 어려웠으나 엘리베이터, 내부의 정원, 수직 동선, 사이사이 부가된 외부공간들이 서로 연계되어, 마치 하나의 건물처럼 활용될 수 있도록 필드 블록과 집합 형태의 개념에 충실한 사례로 완성했다.

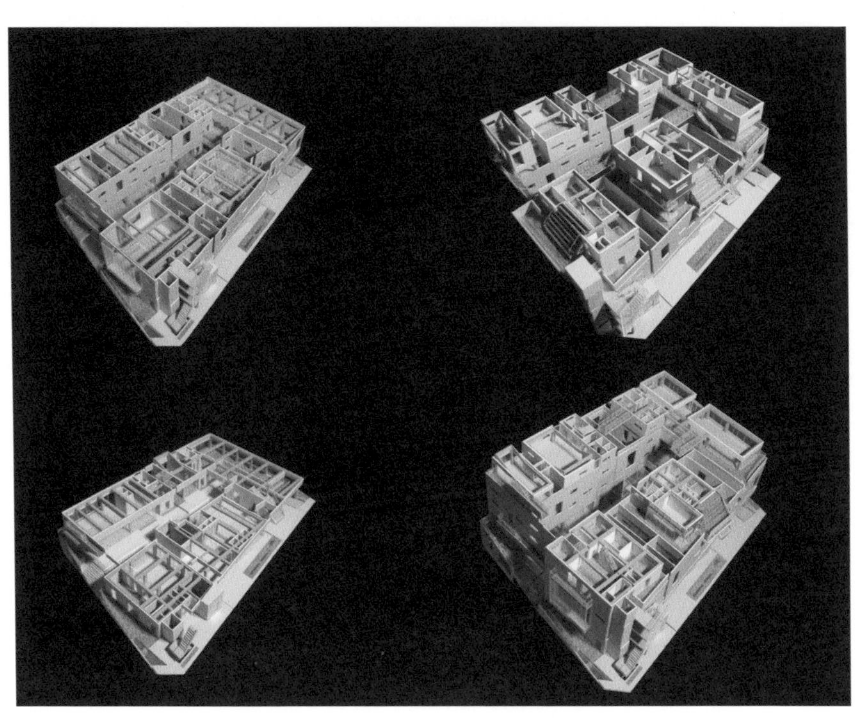

지하는 하나의 공간으로 통합하고 지상은 네 개로 분산된 조직을 두 층씩 구분해 연계의 기준을 마련했다.

저층부는 같은 재료와 구조로, 고층부는 각기 다른 매스와 재료로 구분했다.

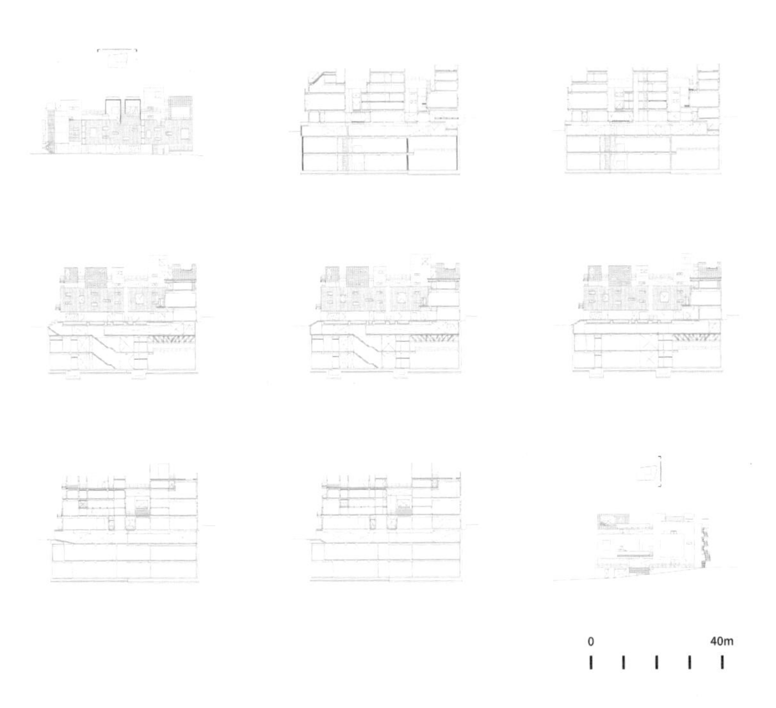

수직 동선, 내부의 정원, 각자의 외부공간들이 연계되어 하나의 건물처럼 활용된다.

필드 블록의 개념과 집합건축의 장점을 지향한 네 개 회사 공동 프로젝트였다.

삼성 디지털시티 복합시설, 현상설계, 2022

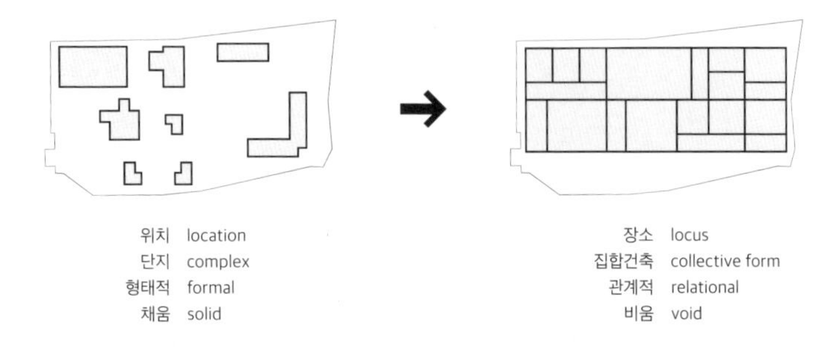

삼성전자 수원 디지털시티 남쪽 끝자락에 체험주택·영빈관·게스트하우스를 함께 설계하는 프로젝트였다. 디지털시티는 현재는 주변 아파트로 둘러싸여 하나의 섬이 되어버린 단지였다. 주어진 프로그램의 종류와 규모와 용도가 다르고 사용자나 건축적 지향도 달라서, 어쩌면 백화점식으로 나열되어 단지계획으로 귀속되는 프로젝트라는 한계를 생각했다. 집합 형태로 전환하는 접근 방향을 모색했다.

디지털시티 미래 비전에는 넓은 공원으로서 주변 도시의 일상에 삼성의 캠퍼스를 공존시키려는 전략이 있었다. 남쪽의 경계에 놓인 복합 프로젝트의 위상을 캠퍼스 차원에서 정비하는 일로 생각했다. 이미 공사가 계획된 대지 안 체험주택의 존재도, 한옥의 분위기를 원하는 영빈관의 이미지도, 설계에서 포용해야 하는 주어진 조건으로 상정했다.

개별 건축들이 개성을 지닌 채 분류되고 나열되는 단지계획의 수법보다는, 하나의 체계 안에서 공유되고 연계되는 필드 블록 집합 형태의 개념을 적용했다. 개별 건축이 산재하는 복합의 단지보다는 다양한 프로그램이 연계되어 공존하는 하나의 장소로서, 거대한 디지털 시티의 일부분으로 자리매김하는 조직을 제시했다.

하나의 필드 블록 안에서 프로그램에 따라 다양한 집합의 유형들이 연계되고, 채움보다는 비움의 미학을 바탕으로, 서로 다른 외부 공간이 매개되는 하나의 장소 하나의 마을을 제안했다. 새로운 복합시설이 디지털시티 공원의 한 부분으로 귀속되도록 북쪽으로 열리면서 남쪽의 도시 환경과 타협하는 자세로 정비했다. 필드 블록 개념의 복합시설 빌리지라는 하나의 연계된 집합 형태의 사례로 완성했다.

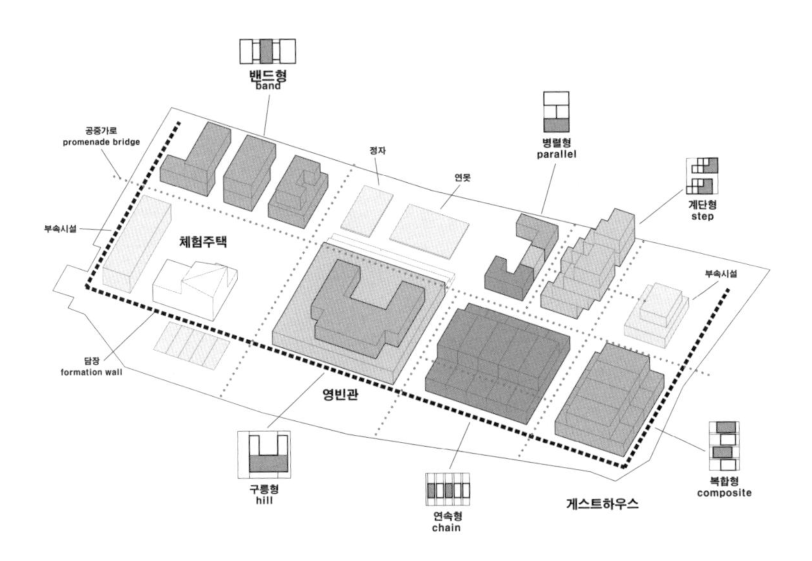

하나의 체계 안에서 건축 유형이 공유되고 연계되는 필드 블록 집합 형태의 개념

개별 건축이 산재하는 복합의 단지보다는 다양한 프로그램이 연계되고 공존하는 장소

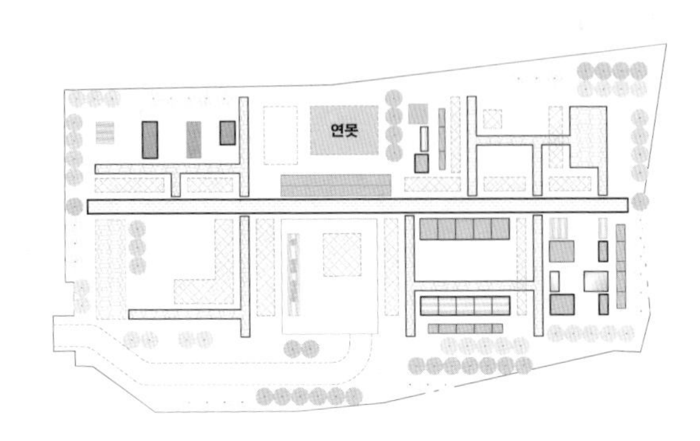

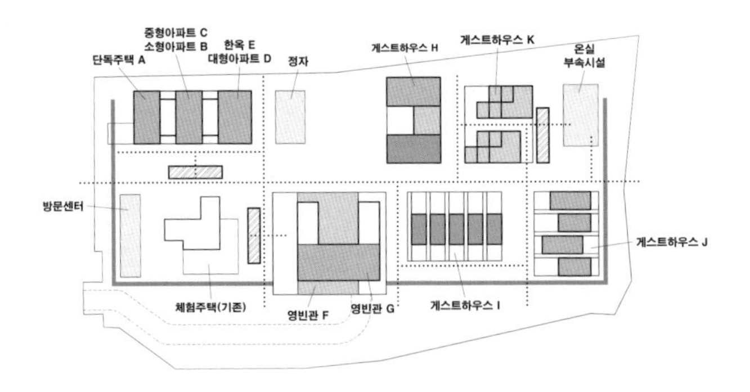

채움보다는 비움의 미학으로 서로 다른 외부공간이 매개되는 하나의 마을을 제안했다.

디지털 시티, 북쪽으로 열리고 남쪽의 도시환경과 타협하는 집합 형태의 복합 마을

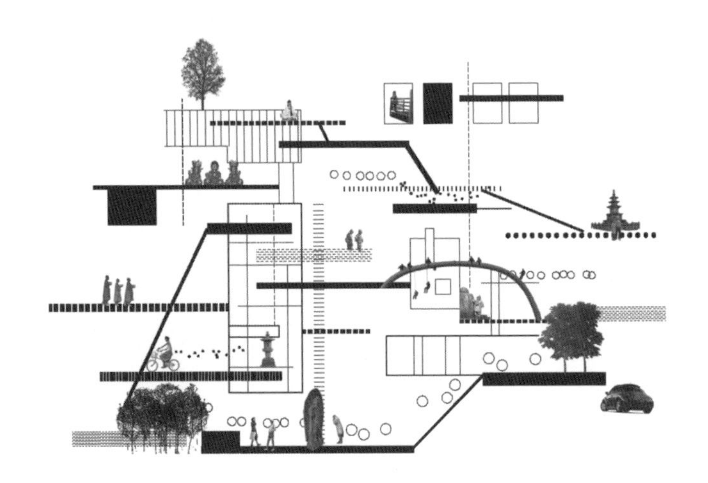

다중의 질서
Multiple Order

어느 날 어스레한 저녁 무렵이었다. 새로 마련한 건축가 이종호의 작업실에서 간단한 와인 자리를 가졌다. 우리 동네 몇 걸음 간격의 사무실로 이전을 마치고, 자리가 정돈된 김에 방문해서 이런저런 얘기를 나누었다. 각자의 방에서 서로의 작업을 감시할 수도 있겠다는 등 가까워진 거리만큼 소소한 얘기를 나누고 있었다. 뜬금없이 그가 우리는 친구인가 물어봤다. 갑작스러운 질문에 당황하여 선뜻 대답하지 못하고 얼버무렸다.

이종호 선배와는 처음 《공간》에서 만났다. 진중한 사람이었다. 그때는 건축 단체의 활동이 미비하던 시기라 김수근 선생님은 가끔 건축계의 현안을 공간으로 끌고 왔다. 월간지 《공간》 때문이기도 했을 터이지만, 무언가 건축계에서 할 일이 생기면 공간에서 담당하는 분위기였다. 공간의 막내 세대로서 그런 일들로 그와 함께 시간을 보냈다. 공공의 역할에 관심도 많았고 또 누군가 해야 한다면 자신이 한다는 성격이었다.

《공간》을 그만둔 후에도 우리는 건축계의 현안을 함께 헤치며 성장했다. 그가 한예종에 자리를 잡은 이후에도 수업과 평가를 같이 했고, 여러 외부 활동에 동반했으며, 전시도 여러 번 함께 꾸렸고, 가끔은 리서치 프로젝트도 공동으로 진행했다. 사무실을 운영하면서 부딪히는 익숙하지 않은 사건들로 자문도 받았다. 그럭저럭 그때 벌써 30여 년을 주변 언저리에서 같이 지낸 사이였다. 선배였지만 친구라

대답해도 누구보다 모자라지 않은 사이였다. 그러나 예전의 기억이 떠올라서 즉시 대답하지 못했다.

1990년대 중반쯤, AA 건축학교 강의에 승효상이 초청받았다. 매주 진행하는 전체 학생과 일반인 대상 공개 강의 프로그램이었다. 한국의 위상이 초라하던 시절이었다. 그나마 한국을 한번 방문해 봤다는 이유로 알레한드로(Alejandro Zaera Polo)가 호스트였다. 그가 강의를 진행하는 책임을 맡았다.

지금처럼 인터넷으로 자료를 찾을 수 있는 시대가 아니었다. 학교 교장이 이레네(Irénée Scalbert)에게 승효상이 누구인지 물어보았다. 이레네는 오래전에 공간에서 승효상과 함께 근무한 적이 있었다. 그는 승효상을 당연히 알고, 그때 뛰어난 직원이었지만, 지금 건축가로서 어떤 위상인지 모른다고 대답했다. 나름 자기 선에서 솔직한 대답이었다.

그런 얘기를 알레한드로에게 나중에 전해 들었다. 청중도 꽤 모였고 강의도 무사히 마무리되고 난 이후였다. 알레한드로는 친구라는 놈이 그런 얘기밖에 못하는가, 친구도 아니라며 이레네를 이상한 사람 취급했다. 라틴계에게 그런 대답은 친구가 할 말이 아니었나. 만나자마자 친구라 부르는 그들에게도 친구는 그런 의미였던가, 친구란 무엇인가, 그런 경험이 떠올랐다. 얼마 지나지 않아 이종호는 스스로 세상을 등졌다. 한동안 머뭇대다 결국 이종호에게 대답할 기회를 영원히 잃어버렸다.

가끔 외국 건축가, 이제는 '친구'라 부르는 이들에게 메시지를 받는다. 젊은 시절에는 각자의 일정에 쫓겨 모든 얘기가 건축이었다. 차차 일상의 얘기를 시작한 지도 어느덧 10여 년이 넘었다. 입양한 아들이 성인

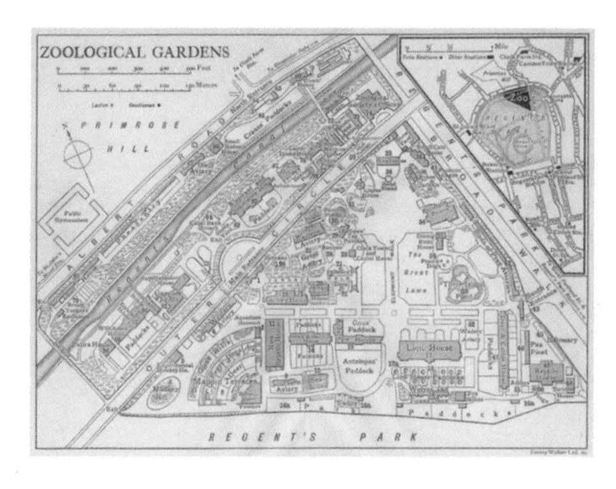

존 내시,
런던 리젠트 파크 동물원, 1829

이 되면서 생기는 갈등이라든지, 골반이 어긋나서 티타늄을 박은 후 공항 검색대에서 생기는 해프닝이라든지, 가끔은 건축을 그만두고 뭐 할 일 없을까 머리를 짜내보자는 농담도 나누곤 했다.

다시 시간이 흐르니, 이제는 부모님들이 돌아가시는 시간이 되었다. 우리보다 부의 형성이 오래된 유럽의 나라들이라 물려받은 유산 얘기도 급이 다르다. 주로 농장이나 별장 얘기인데, 피레네산맥·발렌시아·토스카나·몬트리올·스트롬볼리 등 친구마다 장소도 다양했다. 바르셀로나의 성당을 물려받았다는 얘기까지 나왔다. 언제 한번 놀러 가자는 얘기를 종종 나누면서 지낸다.

그들 개개인은 알면 알수록 다른 성격이다. 건축의 성향은 완전 반대, 카탈루냐 독립 양단의 정 반대편에 서 있기도 하다. 그래도 아직은 베트남·바르셀로나·발렌시아·서울·파주에서 지난 시절 우리가 진행했던 일들의 아쉬움을 함께 더듬는다. 그러면서 새로운 출구를 찾아보자는 꿈도 나눈다. 작업이 됐건, 전시가 됐건, 아니면 강의나 세미나라도 함께 이루어가는 만남의 가능성을 기약한다. 이제는 서로 그런 '친구들' 하나의 그룹이 되었다.

《공간》에 처음 출근하였을 때 사무실 맨 꼭대기 층에서 동물원 설계를 마무리하고 있었다. 지금의 서울대공원 프로젝트였다. 희귀한 동물 집의 설계도를 보는 재미에 자주 올라가서 구경했다. 건축인지 아닌지 형태도 특이했다. 일본인 조경가가 총괄하고 있었다. 한참 지난 후 어떤 이유로 동물을 그런 순서로 배치했는지 궁금해졌다.

외국의 도시를 방문할 때마다 동물원을 찾아보는 습관이 생겼다. 동물원은 거슬러 올라가면 주로 왕가에서 취미로 동물을 모으는 사례에서 시작했다. 어느 순간(주로 19세기 중반부터) 시민에게 개방되어 거의 모든 도시의 필수 시설로 정착되는 역사가 있다. 근대의 시설로서 최초의 프로토타입은 런던 리젠트 파크에 개장한 동물원이었다. 곡면의 리젠트 스트리트를 설계한 존 내시(John Nash)가 참여했다. 이후 모든 도시의 모델로서 전파되었다. 미술관 역사와 아주 비슷하다는 생각이 들었다.

처음에 설립한 동물원은 연구가 우선이었다. 식물원도 마찬가지로 학문으로 정착되는 시기에 벌어진 일이었다. 그러다보니 최초의 동물원은 분류학으로 동물을 배치했다. 차츰 동물이 사는 지리학으로 배치 기준이 바뀌었다. 동물원을 찾다보면 자연에서는 결코 서로 만날 수 없는 동물들이 이웃으로 함께 지내는 배치도 보게 된다. 그 안의 질서를 자주 생각했다.

1996년 도이머이 정책으로 개방 정책을 막 실행하는 즈음에 베트남을 여러 번 방문했다. 네덜란드팀의 일원으로서 김우중 회장의 대우와 미

하노이를 자전거로 돌아보던 시절, 1996

국팀 일본팀과 공동으로 하노이 신도시를 작업했다. 개방 초기 베트남의 모습은 내가 국민학교 저학년이었던 우리의 모습과 너무도 비슷했다. 특히 홍강 주변은 거의 어린 시절 한강의 뚝섬이었다.

방문하기 전부터 유럽과 미국 사람들에게 남긴 베트남 전쟁의 여파를 느낄 수 있었다. 암스테르담에서 만난 미국 공사는 자신이 헬기 조종사로 참전했다고 거의 두어 시간 그 시절 얘기를 혼자 떠들었다. 68세대 연배 모두는 베트남에 할 말이 있었다. 홍강에서 만난 베트콩 퇴역 군인도 한국 사람이라고 반갑게 맞아주었다. 세월이 지나니 모두 젊었던 그 시절이 추억으로 변했다는 느낌을 받았다.

서울로 치면 강남 개발(거기서는 강북)로 하노이를 확장하는 프로젝트였다. 베트남 정부는 싱가포르 모델을 요구했다. 대우 측은 서울의 잘못된 발전 과정만 피해 가면 되는 프로젝트로 자신만만했다. 서울의 발전 역사를 거울삼아 개발의 전략과 디자인을 제안했다. 과거를 헤아려 2020년쯤에는 하노이 올림픽을 개최하자는 얘기도 끼워 넣었다. 대우가 부도나면서 야심 찬 프로젝트는 공중으로 흩어졌다.

하노이 시내를 틈틈이 부지런히 돌아다녔다. 유교와 불교의 유적도 프랑스 식민 시대의 유산도 허름한 빈민 지역도 자전거로 돌아보았다. 구도시 '36 거리'가 가장 인상적이었다. 천년이 넘은 시장 거리, 거리마다 다루는 물건이 세분되어 36가지나 다양했기에 '36 거리'라 부른다 했다. 36개의 기다란 거리의 특성이 분산되고 얽히고 통합된, 세상 어느 도시에서도 찾아보기 어려운 도시구조를 발견했다. 그룹과 질서라는 단어를 엮어 하노이 구도심을 도시체계로 기억했다.

한동안 그룹과 질서에 탐닉하다가 콜라주라는 미술 기법을 떠올렸다. 브라크와 피카소의 작업을 기점으로 시작되어 20세기 근대미술에 광범위하게 응용된 기법이다. 다양한 조각 단편을 모아 완전히 새로운 대상을 창조하는 기법은 미술만이 아니라 음악·문학·패션·영화 등 다양한 예술 장르에 영향을 미쳤다. 부조화·무작위·재조립·병렬·집단 등의 용어들 사이에서 도시와 건축을 생각했다.

콜린 로우(Colin Rowe)의 《콜라주 시티》(1984)도 있다. 콜라주의 이론적 개념을 건축에서도 다룬 책이나, 단지 메타포에 그쳤고 방향은 많이 달랐다. 책에서는 근대 도시 이론의 문제점(너무 오브제 중심)을 지적하고, 역사에 무게를 두어 건물(Figure)과 가로나 광장(Ground) 등의 조직적 맥락을 분석했다. 솔리드가 제어되지 않는 전통 도시와 보이드가 제어되지 않는 현대 도시의 구조가 콜라주 개념으로 공존하는 대안을 제시했다.

콜라주의 개념이 도시와 건축을 다루는 중요한 디딤돌이라고 생각했다. 도시와 건축의 작업에서 새로운 실마리로 접근하는 열쇠라고 생각했다. 개성의 존중, 다양함의 공존, 결이 다른 질서, 여러 질서

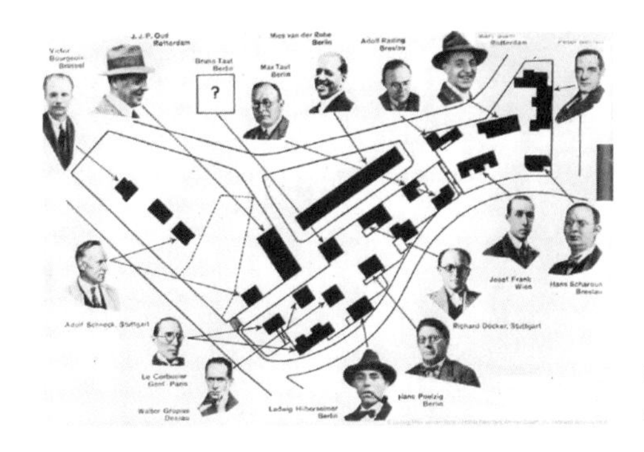

바이센호프 주거단지의
참여 건축가들, 1927

의 통합 등 도시와 건축의 사고를 확장하는 개념이라 생각했다. 동물원의 배치, 36 거리의 하노이는 콜라주라는 개념을 업으니 집합 형태의 출구로 이어지는 새로운 길을 안내했다.

1927년 독일 슈투트가르트에서 “독일 공작연맹(Deutscher Werkbund)” 전시회가 열렸다. 거기서 바이센호프 주거단지(Weissenhofsiedlung)가 소개되었다. 독일은 1차 세계대전 이후 극심한 주거 부족에 시달렸다. 전시회는 싸고 단순하고 효율적이면서 품질까지 보장하는 새로운 주택을 선보이는 자리였다. 17명 건축가의 21개 주거 60가구가 계획되었다.

미스가 프로젝트를 지휘했다. 브루노 타우트(Bruno Taut), 한스 샤로운(Hans Scharoun), 페터 베렌스(Peter Behrens), 발터 그로피우스, 루드비히 힐버자이머(Ludwig Hilberseimer) 등 근대건축의 역사에 기록된 건축가들에게 작업이 할당되었다. 전시회라는 이름에 걸맞게 현실적인 작업이면서 이상에 다가가는 주거의 모델을 제안했다. 미스 자신과 르코르뷔지에의 작업도 찾을 수 있다.

바이센호프 주거단지는 백색의 평지붕으로 묘사되는 국제주의 양식의 대표적 사례로 평가된다. 기본적인 주거 형식을 명쾌한 기하학과 반복적인 모듈로 구성했다. 단순한 파사드, 지붕의 테라스, 내부 오픈 플랜을 공유했다. 무엇보다 《건축을 향하여(Vers une Architecture)》(1923) 등 르코르뷔지에 이론의 영향력을 느낄 수 있다. 르코르뷔지에를 참여시키려고 미스는 심혈을 기울였다. 1928년부터 1959년까지 기디온(Sigfried Giedion)과 르코르뷔지에의 주도로 진행된 근대건축 국제회의(Congres Internationaux d'Architecture Moderne)의 모태가 되었다.

과다한 의욕, 경쟁의식, 개개인의 다른 공법, 예산을 넘어서는 비용 등 쉽지 않은 단계를 극복하고 불과 6개월 만에 공사를 마무리했다. 당연히 비판도 많았다. 2차 세계대전의 폭격으로 여러 건물이 소실되기도 했다. 지금은 근대건축의 역사에서 중요한 위치를 차지하는 프로젝트가 되었고, 공동작업의 모델로서 이후 여러 프로젝트의 규범으로 자리 잡았다.

바이센호프 주거단지 전시회는 1957년 서베를린에서 인터바우(Interbau Berlin)라는 이름으로 계승되었다. 1948년 베를린이 동서로 분단된 후 전후복구의 해법은 서로 달랐다. 동베를린은 모스크바의 영향 아래 모뉴멘탈한 스탈린식 도시와 주거유형을 채택했다. 동서 경쟁이 치열했던 시기라 서베를린은 53명의 건축가(알바르 알토, 그로피우스 등)를 초청해 상류층을 겨냥한 미래 도시 프로젝트로 대응했다.

1987년, 다시 30년이 지나 베를린(아직은 서베를린)에서는 IBA(Internationale Bauausstellungen)의 전시회로 새로운 주거의 실험을 계속 연장했다. 1979년부터 시작된 베를린 다섯 개 지역의 재개발을 완성하는 기념행사였다. 30년 전 기존의 도시체계를 무시하고 새로운

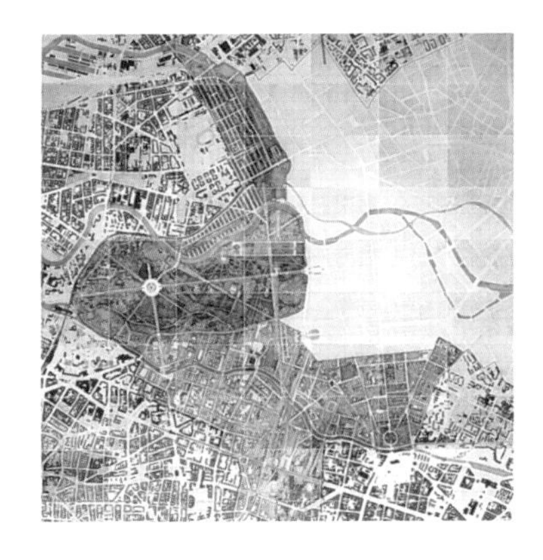

베를린 IBA 전시회 마스터플랜, 1979-87

유토피아를 지향했던 개발 방식을 반성하는 프로젝트 전시회였다. 거주민·보존·점진적·개수 등의 단어로 12개의 원칙을 지향하는 새로운 패러다임에 충실했다.

오래된 건물과 새로운 건물의 접근 방식을 달리했고, 개발보다는 도시재생을 강조했다. 도시의 기억을 매개로 기존의 도시체계를 존중하고, 건물의 저층부 흔적을 지키고, 기존 건물의 디자인 언어를 최대한 계승하는 제도적 장치를 마련했다. 마리오 보타(Mario Botta), 비토리오 그레고티(Vittorio Gregotti), 헤르만 헤르츠버거(Herman Hertzberger), 제임스 스털링(James Stirling), 피터 아이젠만(Peter Eisenman), 오스발트 웅어스(Oswald Mathias Ungers), 렘 콜하스 등 전 세계 건축가들을 초청했다.

여러 건축가의 공동작업 모델은 하나의 방법론으로 전파되었다. 건축가의 브랜드가 위세를 떨치는 1990년대에 들어서면서 집합 브랜드의 작업이 세계 도처에서 실행되었다. 일본 후쿠오카에서는 이소자키의 기획으로 렘 콜하스, 스티븐 홀 등 6인 건축가의 작업인 넥서

이민아 외 12인의 건축가,
백사마을 조감도, 2013~23

스 월드가 상업적인 성공까지 거두었다. 독일 가구 회사 비트라(Vitra)는 자신들의 공장을 프랭크 게리, 안도 다다오, 자하 하디드(Zaha Hadid), 헤르초크 앤 드뫼롱 등의 참여로 건축의 뮤지엄 캠퍼스로 탈바꿈시켰다.

우리나라에서도 1994년 "분당 주택전람회" 전시가 있었다. 건축가 공동작업의 단지를 지향하였다. 새로운 주거문화의 창조를 목표로 바이센호프 주거단지 모델을 실험했다. 당시 건축계를 세대별로 대표하던 윤승중·김원·김석철·김종성·민현식·승효상 등 20명의 건축가에게 단독주택과 연립주택 하나씩의 작업을 의뢰했다. 시장과 효율을 중시하던 사회 분위기에서 쉽지 않은 일이었기에, 별다른 반향 없이 적정한 선에서 마무리되었다.

백사마을의 사례도 있다. 마지막 남은 달동네에서 기존의 재개발 방식과 다른 방향의 염원으로 저층의 주거 마을을 실험하는 프로젝트였다. 오랜 방황 끝에 고층의 기존 아파트 모델과 기존 주거 흔적의 저층 주거가 공존하는 해법으로 수렴되었다. 이민아·김광수·신승

수 등 열두 명의 상대적으로 젊은 건축가들의 공동작업으로 진행되었다. 10여 년의 세월 끝에 저층 주거는 취소되고 기존의 개발 모델로 돌아가고 있다.

유대감과 느슨한 연대를 대표하는 그룹의 신화는 19세기 중반에서 후반까지 지속된 모네(Claude Monet)와 친구들의 인상파였다. 인상주의는 그전의 고전주의와 달리 풍경을 감각으로 묘사했다고 평가된다. 모더니즘과 현대미술이 시작된 그룹이다. 미술에서 현실의 기계적 재현이 아니라 실재를 드러내면서도 개인의 주관을 드러내기 시작했다.

피사로·드가·세잔·모네 등 조롱에서 시작된 인상파라는 이름은 산업혁명·자본주의·기술혁신 등 시대 상황과 맞물려 미술사의 흐름을 바꾸어 놓았다. 이러한 변화는 같은 동네의 '친구'들이 20년 이상 함께 협력해 이룬 결과였다. 빛의 효과나 일상의 풍경 등 기본적인 주제는 공유했지만, 인상파 개개인의 작가가 추구하는 방향은 모두 달랐다.

건축에서도 이러한 그룹 운동의 사례는 여럿 찾을 수 있다. CIAM이나 팀텐(Team X)의 사례부터 아키그램(영국), 슈퍼스튜디오(이탈리아), 메타볼리즘(일본) 등 도시적 유토피아를 목표로 국지적인 건축 운동이 있었다. 이들 모두 시대적 역할을 마치고 사라진 역사는 인상주의와 크게 다르지 않다. 우리나라에도 표방했던 목표는 다르지만 4.3그룹, 서울건축학교 등의 유사한 연대의 그룹 역사를 찾을 수 있다.

건축가들 공동의 작업이 극한으로 치달을 때쯤 '디즈니랜드적'이라는 용어가 빈번하게 사용되었다. 로버트 벤투리가 라스베이거스 다음으로 도쿄의 디즈니랜드를 팝 컬처의 새로운 모델로 조명한 이후이다. 그는 라스베이거스처럼 디즈니랜드의 형태 지상주의, 과장된 그

콜린 로우, 콜라주 시티, 1984

래픽, 조각적 상징주의의 건축을 도시적 현상으로도 분석했다.

그러나 디즈니랜드적이라는 평가는 건축들 사이에서 기준이나 존중 없이 자기 색깔만으로 경쟁하는 집합 건축을 평가절하하는 단어로 정착되었다. 대부분 공동의 작업은 바이센호프의 사례처럼 느슨하지만 공통의 기준을 공유하는 작업이었으나, 어느 때부터인가 브랜드의 집합만 우선하는 사례로 변질되었다. 하나의 공동작업을 두고 평가하는 용어이지만 확대해서 보면 도시와 건축 연계의 의미가 내포되어 있다.

디즈니랜드의 완전 대척점에 있는 용어가 어쩌면 단지계획 아닐까 생각했다. 단지계획은 우리나라적 특성이 반영된 용어이다. 다른 나라의 사례와는 많이 다르다. 아파트 단지와 같은 현재 우리식 도시를 만들어낸 가장 대표적인 설계 수법을 이른다. 하나의 설계(예컨대 주동)를 만들어, 그것을 복제하고 반복 배치하는 수법이다. 팽창의 시대를 거치면서 제도화 법제화되어 아직도 우리의 도시에 무소불위의 영향력을 미치는 굴레이다.

혼성(Heterogeneous)이라는 단어로 도시를 바라보는 시각이 나온 지도 꽤 시간이 흘렀다. 콜라주 시티의 궁극적 목표도 결국은 균질(Homogeneous)한 도시보다는 혼성의 도시를 지향하는 논저로 평가된다. 벤투리의 디즈니랜드처럼 작위적 혼돈을 혼성이라 볼 수는 없다. 단지계획에 머무를 수도 없다. 혼성의 도시, 혼성의 건축을 목표로 어떠한 기준을 공유하면서 개성을 표출하는 과제를 자주 생각했다.

어차피 도시는 다양한 건축이 혼성되는 집합체이다. 거기서 도시적 이상을 목표로 건축이 지향하는 자세를 도출해야 한다. 대부분의 건축 운동 역시 공통의 관심사나 기준은 도시적 사고를 공유하는 선에서 함께 출발했다. 도시적 사고가 배제된 건축 운동이 지극히 제한적인 개인적인 성과에 머물 수밖에 없는 이유이다.

연대의 친구, 그룹이 함께하는 작업이 지향하는 목표는 결국 어떤 도시적 기준을 공유하며 다양함을 보장하는가와 다르지 않다. 그것이 결국 집합 형태의 또 하나 개념이 될 수도 있다는 생각으로 발전했다. 하나의 건축 프로젝트 안에서 반복이나 복제를 넘어서는 혼성, 다중의 질서도 가능하다고 판단했다. 다중의 질서라는 집합 형태 하나의 갈래를 생각하면서 몇몇 프로젝트를 진행했다.

해인사 신행문화도량, 현상설계, 2002

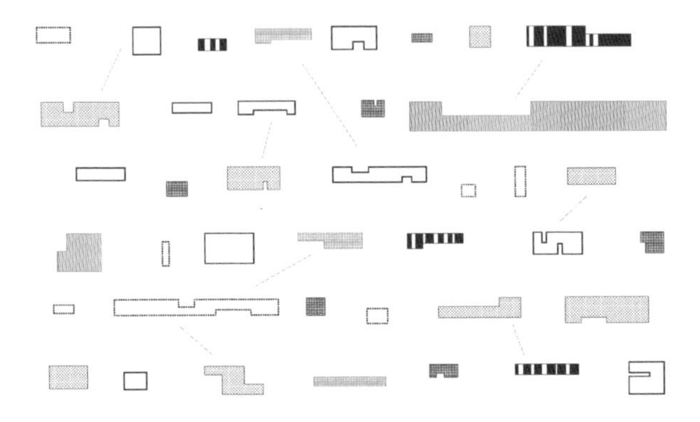

해인사 주변에 새로운 예불·명상·체험·숙소·서비스 등 기존 해인사에서 부족한 프로그램을 증축하는 프로젝트였다. 해인사 남서쪽 주변, 남쪽에서 북쪽으로 완만한 경사로 이어지는 기존 성보박물관이 위치한 부지였다. 일곱 개의 기능 시설 약 4,000평이 완벽히 정리되지 않은 열린 프로그램으로 제시되었다.

해인사의 인경, 대장경을 인쇄하는 프로세스에서 새로운 시설의 개념을 유추했다. 기존 해인사의 체계를 반대로 역전하는 공간구성을 건축적 주제로 설정했다. 부지의 특성과 공간의 특성이 접목되는 지점에서, 솔리드의 구성보다는 보이드의 구성 체계로서 새로운 해인사의 위상을 상정했다. 외부공간과 일체화된 일곱 개의 집합건축을 지향했다.

혼성의 질서, 다중의 질서로 건축적 프로그램 각각이 조정되는 집합 형태를 구상했다. 외부 공간의 체계가 건축적으로 이어지되, 건축이 일곱 가지 독자적인 질서로 함께 공존하는 모습을 제시했다. 외부공간과 내부공간이 혼용되어 영역으로 정돈되는, 다중 질서의 집합 형태가 최종의 제안이었다. 성보박물관을 포함해 여덟 개의 건축이 분산되어 구축되는 다중 질서의 개념을 구현했다.

프로그램의 이합과 집산에 따라 일곱 가지 단위 공간들이 정비되었다. 프로그램의 기능별 구분과 대지의 해석에 따르는 건축적 대응을 시설로 번안했다. 건축은 내외부 경계를 흐리면서 외부공간과 일체화되었다. 확정된 용도, 의도된 기능, 구분된 경계를 허물고, 프로그램을 용해하고 제어하면서, 여덟 가지(기존 성보박물관 포함) 다중의 질서로서 새로운 해인사를 제안했다.

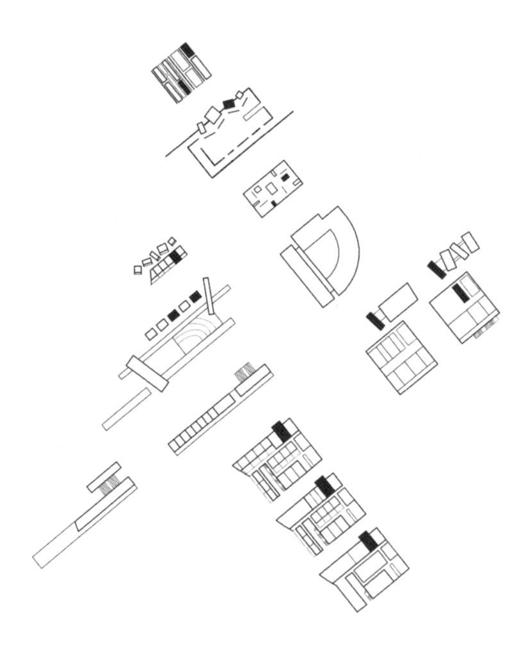

혼성의 질서, 다중의 질서로 건축적 프로그램 각각이 조성되는 집합 형태

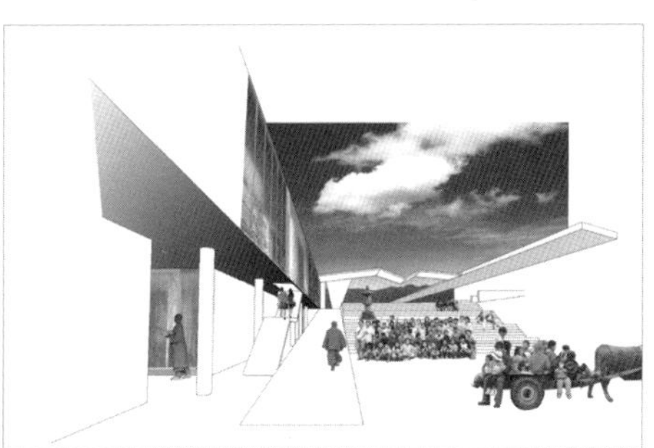

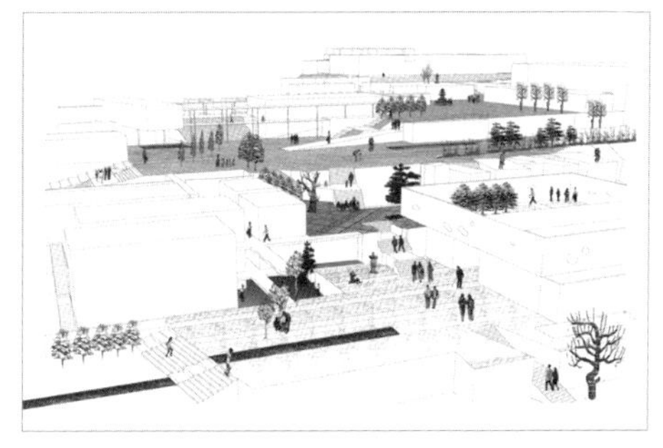

외부공간의 체계가 일곱 가지의 독자적인 건축적 질서와 함께 공존하는 모습을 제시했다.

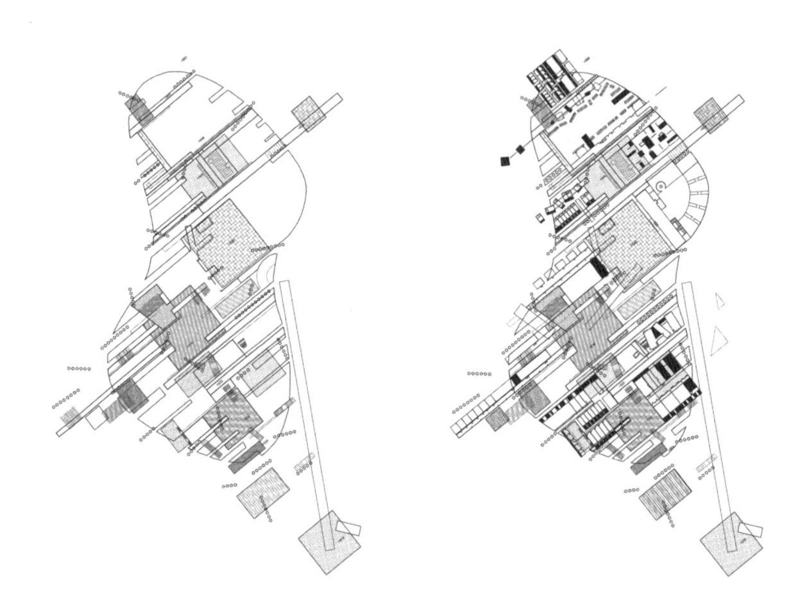

외부공간과 내부공간이 혼용되어 영역으로 정돈된 다중의 질서 집합 형태

솔리드의 구성보다는 보이드의 구성체계로 새로운 해인사의 위상을 제안했다.

남해명주 생태도시, 현상설계, 2016

이로재 공동 작업

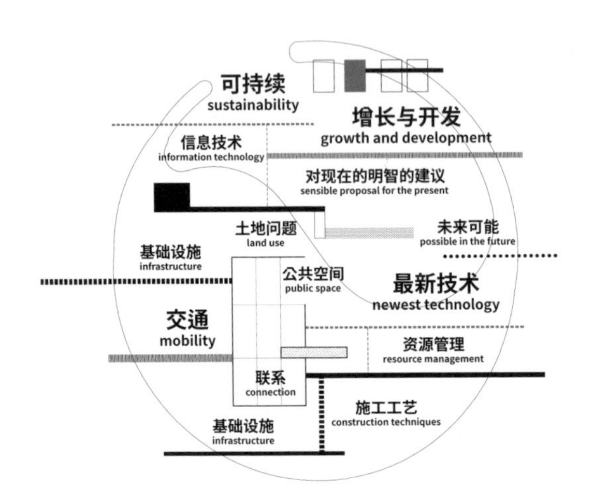

중국 하이난섬 북쪽 인공섬의 도시와 건축 구상을 제시하는 프로젝트였다. 방파제를 포함해 태극 문양으로 매립된 약 75,000평의 부지였다. 두바이의 인공섬을 모델로 활력·매력·생태·지혜의 도시를 지향했다. 마리나 시설과 크루즈 시설이 부설되어 하이난의 하이코우 리조트와 해상 다리로 연결되는 선행 계획이 있었다. 새로운 혼성의 유토피아(Heteroptopia) 모델을 상정했다.

성장·지속가능·정보기술·첨단기술·미래지향·교통·연계·현실·시

공기술까지 신도시의 다양한 변수를 생각했다. 숙박·주거·위락·물류·서비스 등 대략 용적률 100%의 개발 볼륨이 목표로 주어졌다. 이들 프로그램과 오픈스페이스가 결합되는 도시체계를 상정했다. 우선 솔리드 영역과 보이드 영역을 50:50으로 나누었다.

보이드 영역(도로 포함)은 바다를 향한 바람의 주방향 그리드 구조로, 솔리드 영역은 프로그램별 집합체계로 기본 골격을 잡았다. 인공섬 부지 위치에 따라, 프로그램의 종류에 따라, 다양한 조직을 분산시키는 해법을 검토했다. 용적률 100%에서 400%까지 복수의, 불규칙하고, 덜 위계적인 12개 다중 질서를 공존시키는 도시 모델을 제시했다.

12개의 마을이 연계되어 집합되는 도시체계가 최종안이었다. 각각의 마을은 기존의 도시를 메타포로 프로그램과 외부공간의 체계가 결합된 결과였다. 다중의 질서 안에서 현실(Physical) vs. 가상(Virtual), 인공 vs. 자연, 솔리드 vs. 보이드, 형태(Form) vs. 체계(Formless), 원거리 vs. 근거리, 대규모 vs. 소규모, 고밀 vs. 저밀의 상대 변수가 공존하는 도시체계를 인공섬 도시와 건축의 구상안으로 완성했다.

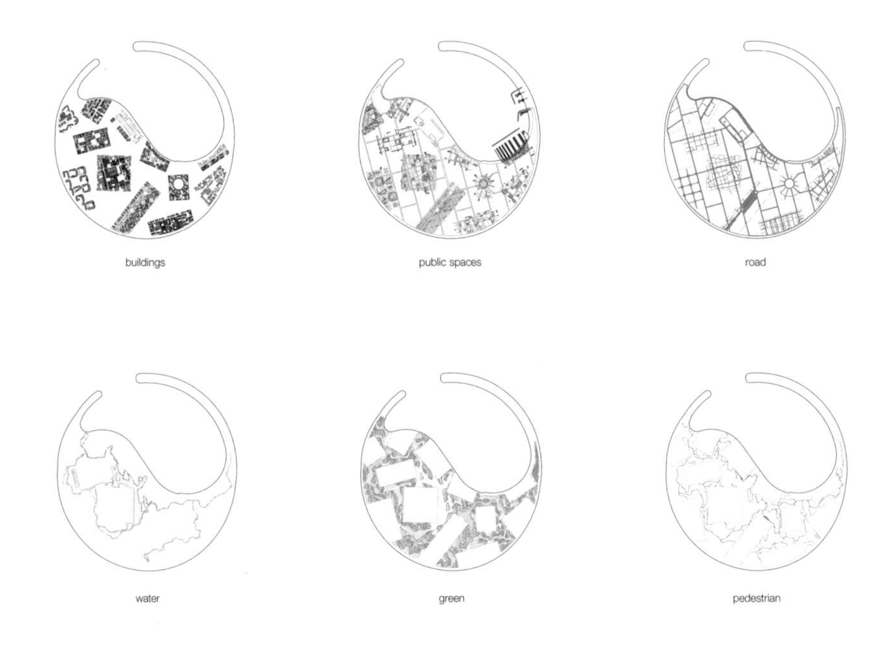

보이드 영역은 바람의 주 방향 그리드 구조로, 솔리드 영역은 프로그램별 집합 체계로 구성

복수의, 불규칙적이고, 덜 위계적인 12개 다중의 질서를 공존시키는 새로운 도시 모델

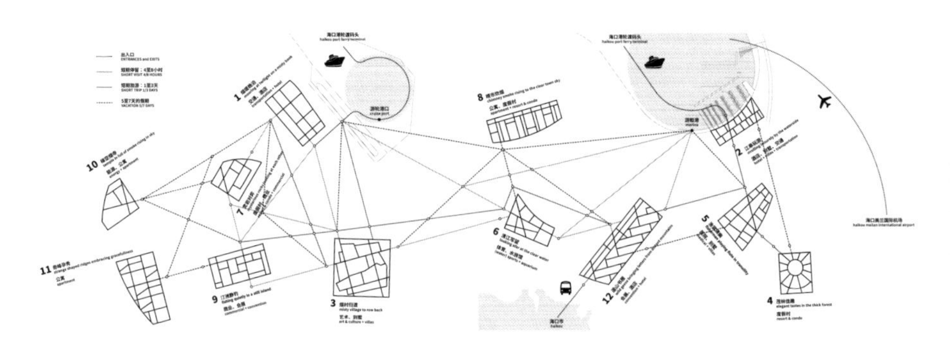

12개 마을은 기존 도시를 메타포로 프로그램과 외부공간의 체계가 결합된 결과이다.

다중의 질서 안에서 솔리드와 보이드 등 상대변수가 함께 공존하는 도시체계를 제안했다.

고덕강일 공공주택지구 1블록, 현상설계(당선), 2019

운생동 공동 작업

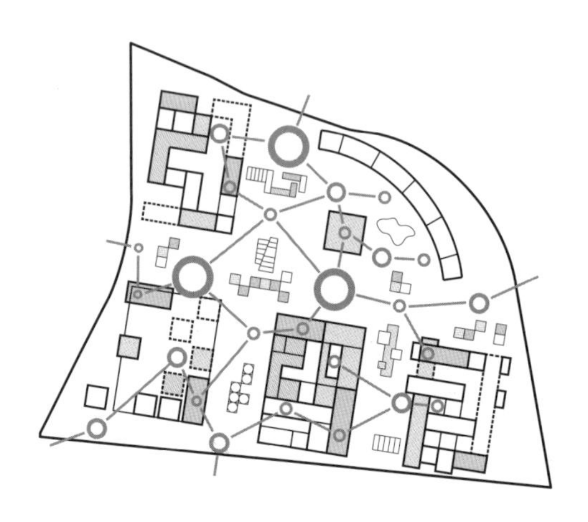

서울 동쪽 끝 고덕강일 지구 1블록, 대지 약 14,500평에 900여 세대를 설계하는 공동주택 프로젝트였다. 이러한 단지형 공동주택이 우리네 도시 환경을 획일화시키고 있다는 비판은 꽤 오래전부터 지적되었다. 유닛(단위 평면)이 복제되어 주동과 단지까지 완결되는, 단순한 증식 논리로 무장되어 도시의 섬으로 고착되는 문제이다. 제도와 법규까지 하나의 해법으로 고정되어 우리 도시의 유닛 중심적 현실을 계속 확대하고 있다.

새로운 도시 주거단지의 출구를 고심했다. 획일화와 고립화의 단지적 성격을 벗어나는 공동체의 공간, 장소적 특성이 반영된 도시단지의 새로운 주거유형을 목표로 삼았다. 너무 이상적으로 치우쳐 실제 구현하기 곤란한 제안보다는 현재의 여건 속에서 새로운 해법을 찾아야 했다.

주변의 여건과 대지의 현황에 대응해, 주어진 사이트를 다섯 개의 작은 블록으로 구분하고 저층부를 특화시키는 전략을 상정했다. 저층부는 4~5개 층 저층고밀의 다섯 가지 주거 조직으로 발전시켰다. 나선형(Spiral)-경사형(Hill)-매트형(Mat)-격자형(Lattice)-담장형(Wall) 등의 다중의 질서를 기본으로, 전체 단지를 블록 공동주택의 집합 건축으로 변환했다. 적어도 가로 레벨에서 저층 도시구조의 풍경을 조직하고 구성하는 전략이었다.

고층부와 저층부 7:3의 비율을 제시했다. 고층부는 주거 시장에서 형성된 아파트 기대치의 특성을 존중하면서 건축적 대안을 모색한 비율이다. 발코니의 확장이나 프라이버시의 존중, 조망을 위한 인동간격, 조형과 입면의 차별성 등을 고층부에서 반영했다. 저층부는 고층형과 공존할 수 있도록 단독주택 특성을 가미하여 다섯 가지 다중 질서의 집합 건축으로 완성했다.

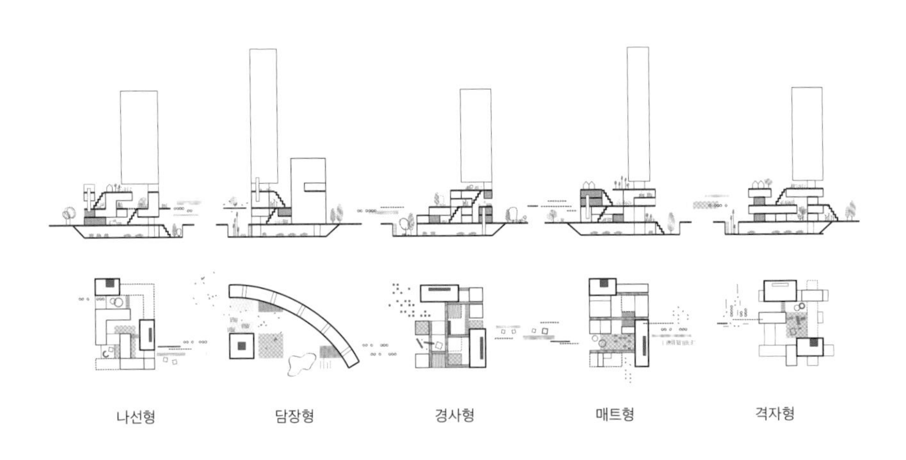

부지를 다섯 개의 작은 블록으로 구분하고 저층부를 특화시키는 전략을 상정했다.

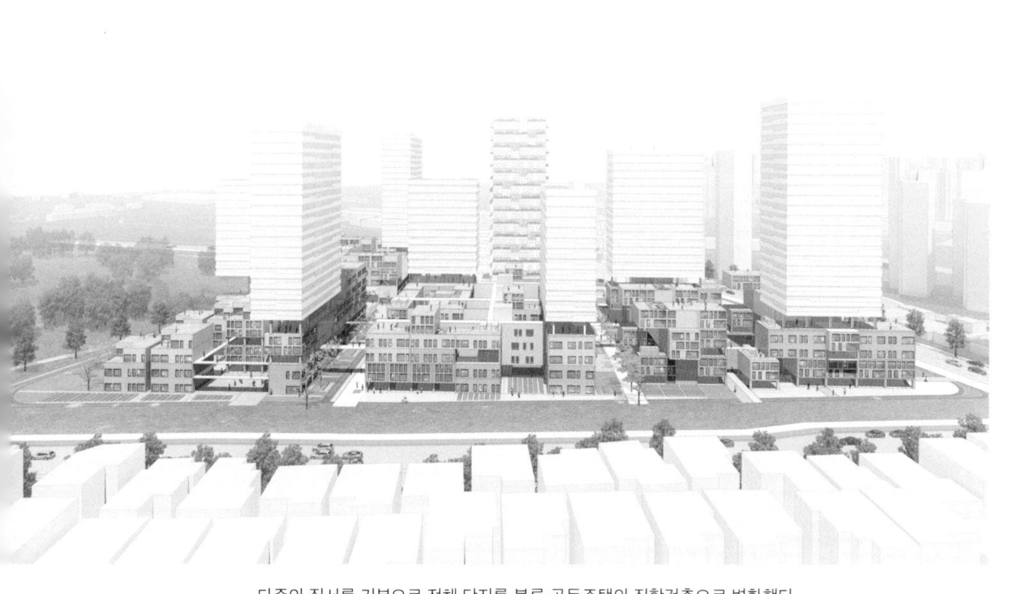

다중의 질서를 기본으로 전체 단지를 블록 공동주택의 집합건축으로 변환했다.

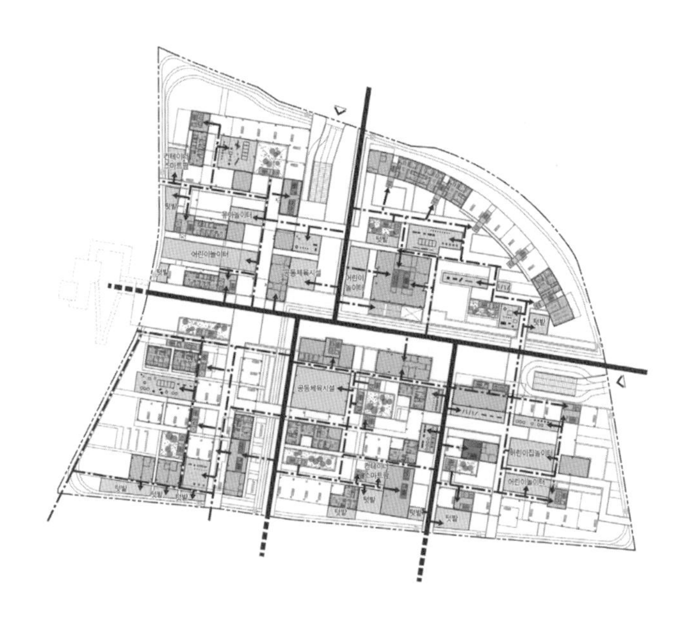

저층부 가로 레벨에서 저층 도시구조의 풍경을 조직하고 연계하고 구성하는 전략

고층부 70%, 저층부(중심부 특화 고층형 포함) 30%의 비율로 현실의 기대치를 존중하면서 공동주거의 대안을 모색했다.

건축 개요

건축 유형
Building Types

허유재병원, 2001 (24~29쪽)
위치: 경기도 고양시 일산동구
대지면적: 2,298.70㎡
연면적: 13,656.63㎡
층수: 지하 3층, 지상 8층

동일 테라스, 2002 (30~35쪽)
위치: 서울 종로구
대지면적: 487.30㎡
연면적: 1,658.11㎡
층수: 지하 2층, 지상 8층

하이퍼 카탈루냐, 스터디, 2002 (36~41쪽)
위치: 스페인 카탈루냐

매트 빌딩
Mat Building

파주출판도시 공동주거, 계획, 2000 (56~61쪽)
위치: 경기도 파주시 파주출판도시
대지면적: 28,945.98㎡
연면적: 37,784.06㎡
층수: 지상 3층~5층
세대수: 400세대

자하재, 2002 (62~67쪽)
위치: 경기도 파주시 헤이리예술마을
대지면적: 546.66㎡
연면적: 318.09㎡
층수: 지하 1층, 지상 2층

국립현대미술관, 현상설계, 2009 (68~73쪽)
위치: 서울 종로구
대지면적: 27,354.00㎡
연면적: 45,700.00㎡
층수: 지하 2층, 지상 3층

건축가 없는 건축
Architecture without Architects

서광사, 2001 (88~93쪽)
위치: 경기도 파주시 파주출판도시
대지면적: 1,291.80㎡
연면적: 995.65㎡
층수: 지상 4층

자운재, 2002 (94~99쪽)
위치: 경기도 파주시 헤이리예술마을
대지면적: 280.76㎡ + 270.52㎡
연면적: 326.80㎡ + 263.84㎡
층수: 지하 1층, 지상 2층

아모레퍼시픽 연구소 본관, 계획, 2010 (100~105쪽)
위치: 경기도 용인시
대지면적: 139,166.00㎡
연면적: 995.65㎡
층수: 지하 2층, 지상 4층

비개인적인 건축
Un-Private Architecture

Y주택, 2003 (120~125쪽)
위치: 경기도 파주시 헤이리예술마을
대지면적: 210.30㎡ + 455.40㎡
연면적: 222.58㎡ + 575,13㎡
층수: 지하 1층, 지상 3층

행정중심복합도시 기본구상, 현상설계(공동 당선), 2005 (126~131쪽)
위치: 충청남도 연기군 일원
대지면적: 73,140,000.00㎡
연면적: 24,650,000.00㎡

위미공소, 계획, 2022 (132~137쪽)
위치: 제주도 서귀포시
대지면적: 696.38㎡
연면적: 1,794.95㎡
층수: 지하 1층, 지상 1층

포메이션
Formation

K주택, 2005 (152~157쪽)
위치: 경기도 파주시 헤이리아트밸리
대지면적: 649.40㎡
연면적: 304.46㎡
층수: 지하 1층, 지상 2층

학현사, 2005 (158~163쪽)
위치: 경기도 파주출판도시
대지면적: 2,214.90㎡
연면적: 4,709.40㎡
층수: 지하 2층, 지상 4층

네오텍, 계획, 2014 (164~169쪽)
위치: 경기도 파주출판도시
대지면적: 2,996.00㎡
연면적: 8,604.14㎡
층수: 지하 2층, 지상 4층

플롯
Plot

발렌시아 TD-05 공동주거, 계획, 2004 (184~189쪽)
위치: 스페인 발렌시아
대지면적: 1,328.00㎡
연면적: 6.045.90㎡
층수: 지하 2층, 지상 5층

파주 상업시설, 스터디, 2006 (190~195쪽)
위치: 경기도 파주출판도시
대지면적: 4,140.00㎡
연면적: 7,920.00㎡
층수: 지하 1층, 지상 4층

휴맥스 연수원, 계획, 2013 (196~201쪽)
위치: 충청북도 제천시
대지면적: 10,000.00㎡
연면적: 6,601.67㎡
층수: 지하 1층, 지상 2층

흐름의 선
Flow Line

마음고요 명상센터, 2003 (216~221쪽)
위치: 서울시 종로구
대지면적: 541.98㎡
연면적: 191.06㎡
층수: 지하 1층, 지상 2층

새만금 도시 기본구상, 스터디, 2004 (222~227쪽)
위치: 전라북도 새만금 일대

현대자동차그룹 신사옥, 현상설계, 2015 (228~233쪽)
위치: 서울시 강남구
대지면적: 79,841.80㎡
연면적: 771,140.00㎡
층수: 지하 6층, 지상 105층

밴드
Band

가평 주거단지, 계획, 2010 (248~253쪽)
위치: 경기도 가평군
대지면적: 46,470.00㎡
연면적: 21,814.13㎡
층수: 지하 2층, 지상 1~3층
세대수: 141세대

광주 사직공원 '스텝', 2011 (254~259쪽)
위치: 전라남도 광주
대지면적: 660.47㎡

과천지구 도시건축 통합 마스터플랜, 현상설계, 2020 (260~265쪽)
위치: 경기도 과천시
대지면적: 1,686,643.00㎡
주택건설용지: 333,900.00㎡
상업시설용지: 114,610.00㎡
자족시설용지: 364,100.00㎡
공공시설용지: 867,030.00㎡

필드 블록
Field Block

파주출판도시 2단계 건축지침, 2011 (280~285쪽)
위치: 경기도 파주출판도시
부지면적: 685,814.90㎡

ZWKM 블록, 2011 (286~291쪽)
위치: 서울시 강남구
대지면적: 1,670.60㎡
연면적: 6,443.96㎡
층수: 지하 3층, 지상 4층

삼성 디지털시티 복합시설, 현상설계, 2022 (292~297쪽)
위치: 경기도 수원시
대지면적: 20,363.64㎡
연면적: 16,033.00㎡
층수: 지하 1층, 지상 5층

다중의 질서
Multiple Order

해인사 신행문화도량, 현상설계, 2002 (312~317쪽)
위치: 경상남도 합천군
연면적: 13,300.00㎡

남해명주 생태도시, 현상설계, 2016 (318~323쪽)
위치: 중국 하이난
대지면적: 2,542,400.00㎡
연면적: 2,800,000.00㎡

고덕강일 공공주택지구 1블록, 현상설계(당선), 2019 (324~329쪽)
위치: 서울시 강동구
대지면적: 48,434.00㎡
연면적: 140,778.33㎡
층수: 지하 2층, 지상 27층
세대수: 780세대

사진 및 그림 출처

13쪽 김수근문화재단

15쪽 2024 Artists Rights Society(ARS), New York / VG Bild-Kunst, Bonn

20쪽 Bernard Huet, Patrizia Lombardo, *Aldo Rossi: Three cities - Perugia, Milano, Mantova*, Electa, 1984, p.8

45쪽 Alejandro Zaera-Polo

47쪽 Rem Koolhass, Bruce Mau, et al., *S, M, L, XL*, 010 Publishers, 1995, p.933

50쪽 *Europan 4: Constructing the Town upon the Town - European Results Europan 4*, Europan, 1997

51쪽 Wim J. van Heuvel, *Structuralisme in de Nederlanse Architectuur*, Uitgenerij010, 1992, p.54

52쪽 Karl Kiem, *Die Freie Universitaet Berlin (1967-1973) Hochschulbau, Team-X-Ideale und Tektonische Phantasie: The Free University Berlin (1967-1973) Campus design, Team X ideals and tectonic invention*, VDG, 2008, p.188

54쪽 Gabriel Feld and Peter Smithson, *Free University, Berlin: Candilis, Josic, Woods, Schiedhelm. Exemplary Projects, 3*, London: Architectural Association, 1999, p.16

76쪽 김봉렬, 《한국의 건축: 전통건축편》, 공간사, 1985

85쪽 Bernard Rudofscy, *Architecture without Architects*, Academy Edition, 1964

86쪽 Myron Goldfinger, *Villages in the Sun*, Rizzoli, 1993

118쪽 Museum of Modern Art(New York), *The Un-Private House*, The Museum of Modern Art, 1999

146쪽 Jose Maria Ezquiaga, "la Formacion Historica del Paseo de la Castellana de Madrid", COAM, p.51

147쪽 Freepik

182쪽 Ernst May, Alessandro Porotto(Traduction), "Cinq ans de Construction de Logements a Francfort-sur-le-Main", *Das Neue Frankfurt*, 1930

206쪽 Young Joon Kim, *Urbanism for Architecture*, l'ARCA, 2017

212쪽 Kenji Kawakami, *101 Unuseless Japanese Inventions: The Art of Chindogu*, WW Norton & Company, 1995

214쪽 Junzo Kuroda, Momoyo Kaijima, *Made in Tokyo: Guide Book*, Kajima Institute Publishing Co., 2001

237쪽 Instituto Centrale per la Grafica

238쪽 Jose Luis Esteban Penelas & Emilio Esteras Martin

242쪽 Catherine de Zegher, Mark Wigley, *The Activist Drawing: Retracing Situationist Architectures from Constant's New Babylong to Beyond*, the MIT Press, 2001

277쪽 Susanna Cros(editor), *The Metapolis Dictionary of Advanced Architecture: City, Technology and Society in the Information Age*, Actar, 2003

301쪽 Antique maps and prints

305쪽 Ludwig Mies van der Rohe, MoMa New York Werner Gvaeff, VG-Bildkunst Bonn/ADAGP

307쪽 IBA Berlin, Masterplan by J. P. Kleihues

308쪽 SH 서울주택도시공사

310쪽 Colin Rowe, *Collage City*, the MIT Press, 1984

17, 18, 83, 148쪽 FLC / ADAGP, Paris - SACK, Seoul, 2024

78, 116, 179, 180, 205, 303쪽 김영준

48, 108, 110, 140, 143, 144, 150, 241, 245, 246, 268, 270, 273쪽 Wikimedia Commons

81, 209, 210쪽 출판도시문화재단

274, 278쪽 Ajuntament de Barcelona

※ 미처 허가를 받지 못한 이미지는 확인되는 대로 허가 절차를 밟겠습니다.